立人天地

基督学院全景

剑河旁的达尔文学院

莫德林学院　佩皮斯图书馆

克莱尔学院大礼堂的窗

就一个有血有肉的心灵、一个富于幽默与理智情感的学生而言，大学的生活应该是一种践行仁慈与友爱的生活，应该让小额的投资结出硕大的幸福果实。

克莱尔学院

我们无须逃遁这个社会，而是要坚信一点，我们不能将自己的幸福构筑在熙攘的人群之中。我希望那些平常忙碌之人能够舍弃一些娱乐活动，或是放弃一些金钱的收入来换得哪怕是某个时刻的忧郁之感。他们应能独自面对自己的灵魂，敞开心扉，直面自己。他们应多到田野或是树林中感受那些恬静而又不屈生命的价值。

科帕斯·克里斯蒂学院 校园内的时钟和上面的蝗虫

大学之窗

打开身心灵的纯美世界

From a College Window

【英】亚瑟·克里斯托弗·本森 著
Arthur Christopher Benson
佘卓恒 译 / 孔 谧 校

黑龙江教育出版社

大学之窗
From a College Window

目录

大学之窗 FROM A COLLEGE WINDOW

大学之窗

FROM A COLLEGE WINDOW

目录

译者推介

《大学之窗》(*From a College Window*)的作者是亚瑟·克里斯托弗·本森(Arthur Christopher Benson)(1862–1925年),英国散文家、诗人、作家,剑桥大学莫德林学院的第28任院长。他的父亲是19世纪末坎特伯雷大主教爱德华·怀特·本森,其叔叔是著名的哲学家亨利·西奇威克。所以,本森家族富有文化和著述的传统也很自然地遗传到本森身上。但不幸的是,同样遗传在他身上的还有家族性的精神病。他本人患有狂躁抑郁性精神病。虽然身患疾病,但亚瑟仍然是一位杰出的学者和多产作家。他曾就读于伊顿公学和剑桥大学的国王学院。1885–1903年亚瑟在伊顿公学和剑桥大学的莫德林学院讲授英国文学。1906年以后他出任格雷欣学校校长。1915–1925年他是莫德林学院院长。他的诗歌和散文著述颇丰,令人惊叹的是,他在自己人生最后的20年间,每天坚持写日记的习惯给世人留下了一笔丰厚的思想遗产——史上最长的400万字的日记。

在该书的翻译过程中,我常感同身受,并为作者朴素而深刻的论述拍案叫好,同时也有着"酒逢知己千杯少"的酣畅淋漓。这种快乐让我丝毫感受不到历时半年翻译之中的辛苦,取而代之的是导师般的引领与知心好友"跨世纪"般交谈后的豁然开朗。因此我也由衷地希望将这份收获和喜悦与读者分享,以便有助于对本书的理解和阅读。

翻译过程也是心灵接受洗礼的过程,让我感受最深的是本森的论述竟能引起我如此之多的共鸣。这是我在阅读其他书籍时很少遇到的,我常常因这种心灵和精神的共鸣而会心地一笑,或是被作者那些对事物深邃而又独特的视角与见解深深折服,且常在掩卷时感叹:"大学之大不在大楼,而在大师也!何时,如若中国的大学也有一批这样的大师,那将是今日中国青年人之幸、中华民族之幸、中国之幸！”

本书是本森各类主题文章的结集。在这些文章里，作者以第一人称娓娓道来。在第一章中，他坦诚地写到：“这本书只是汇集了自己对人生一种坦然与朴素的看法。”事实上，也的确如此。作者在书中没有隐讳，宛若一位诤友，将自己对自我、美、艺术、社交、简朴的生活、教育等观点坦率而真诚地进行了表述。

本森可以说是深谙大学妙趣之人。他在第一章“一种观点”中写到：“大学就是这样的一个地方：即使你只是一个穷人，只要你具备某种美德，也可以过上一种富于尊严而简朴的生活，并从中获得纯粹的乐趣。”他还发出了一种呼吁：“在这个喧嚣的世界里，应存在这样一个角落，在这里，生活的节奏没有那么快速；在这里，生活就像一个古老的梦境静静地流淌，弥散着富于变化的色彩及轻柔的声音。”说到共鸣，本森对快乐秘诀的定义则让人耳目一新，他说：“快乐之感并非源于物质上的满足，而是在于一颗雀跃的心。自愿且认真地工作，这就是快乐的秘密。”而对于人生的丑恶一面，本森的观点是这样的：“我无意掩盖人生丑陋或是冷漠的一面，这些都是客观存在的，不以人的意志为转移。我个人的理解是，若你不是一位专业的心理学家或是统计学者，那么耿耿于这些阴暗面是毫无裨益的。”而作者令人振奋的一个观点是：“在文学、艺术或是人生领域里，我想，唯一值得推敲的结论，就是自己得出的结论。若是自己的结论与所谓‘行家’的相一致，那是他们的厉害之处；若是他们与自己不相符，这则是你厉害的表现。”读着这些文字，我们是否尚可以远离尘嚣，透过“大学之窗”感受到心灵的“世外桃源”，在与大师的交流中完成对自我、对世界的认知？

类似的论述贯穿该书的始末，作者在信手拈来的论述中敢于挑战人们惯常的思维，发出质疑，如在第十三章“论‘简朴生活’”中，作者就将矛头指向了公认的“简朴代表”——梭罗，直陈其虚伪。老实说，那一段也是我最为喜欢的。

另外，在第九章“论‘教育之道’”中，有一段话令我颇为感触，仿佛就是中国教育现状的生动写照。作者在谈到当时古典教育失败之处时这样痛斥：“但我们教育的失败之处在于，我们对众多的学生进行培养，可到最后他们为了一场无关紧要的考试就要漫无目的、东拉西扯地学点东西。在这样的教育模式下，不存在什么高标准的要求。我们很难去想象一个得到毕业证之后的人在离开大学校园之时所感到的巨大的空虚与无助。没有人想要为他们去做点什么，或是在某个领域中专心致志地培养他们。但这些毕业生却将要成为我们这个国家下一代的父母啊！而我们扼杀他们在心里反抗的唯一途径就是通过让这些‘受害者’处于一种可悲的心理状态及智力低等的状态之中，那样，这些‘受害者’也就压根不会抱怨他们曾经是遭受过多么不公平的待遇了！”翻译这段话的时候，我深受震动，这简直就是我自己在读过大学后的感受！毫不夸张地说，该书的出版将对中国那些正在努力构建世界一流大学的高等学府及其管理者们也是大有裨益的。

以上是我在翻译过程中一些粗浅的感受。

2013年8月

题记

这本书的11篇文章原刊载于《玉米山杂志》（*Corn Hill Magazine*）上。在这里，我要衷心感谢该杂志的编辑与版权者，他们决定再版这些文章。另外，我又加进了6篇相关主题的文章。

——亚瑟·克里斯托弗·本森

大学之窗
From a College Window

第一章 一种观点

大学就是这样的一个地方：即使你只是一个穷人，只要你具有某种美德，也是可以过上一种富于尊严与简朴的生活，并从中获得纯粹的乐趣。许多人都会犯这样的一个错误：即认为所有的事情都是可以用言传来解决的，而事实上，身教才是真正具有巨大威力的。

我最近发现在任何一件艺术品中，无论它是书籍、画作或是音乐，它们的价值皆是缘于其所蕴涵的某种微妙且不可言喻的特性，这种特性我们可以称之为“个性”。在任何创作中，无论是多么辛勤的劳动或多么炽热的情感，还是所谓的“成就”，都无法弥补这种“个性”的缺失。我认为，这是一种纯属发自本能的特性。毋庸置疑的是，对于任何一件艺术品来说，仅存有这种“个性”是远远不够的。因为在艺术品中，它所呈现的“个性”有可能是毫无魅力可言的，而艺术作品的这种魅力应该是纯天然的。这种魅力并非是哪位艺术家的“专利”，一些艺术家可能夙兴夜寐也仍然无法捕捉到它，但是每位艺术家却能够去追求一种全然发自内心的那种真诚的观点。在这一过程中，他必须要冒险去追寻这种富有魅力的观点，而真诚则是其中不可或缺的。对某种观点不假思索地吸收，然后不加分辨地传播，这样是没有价值可言的。一种观点的形成必须要经过构思、创造及自己真切的感受。那些艺术家用真诚塑造出来的作品几乎都具有独特的价值，而那些缺乏真诚的作品则会被人视如敝屣。

在接下来的篇章里，我将力求对读者开诚布公地袒露心迹。看上去这是很容易做到，然而实则不然，因为这意味着自己必须要放下成见和先入为主的偏向去感知事物，不被自身所受到的教育或是环境等因素所羁绊。

有人可能会有这样的疑问：为什么我要把自己的观点全都说出来，公开给别人看呢？为什么我就不能“明哲保身”，将某些“宝贵”的经验据为己有呢？我的经验对别人到底有没有价值呢？所有这些疑问的答案是：为了明白别人是怎么看待生活、对生活作何期待，了解别人对生活生发的感触或每个个体所不能领略的东西。此上种种的答案，有助于我们筑起一种“合宜感”的生活信念。就我本人而言，我对别人所抱有的观点存在一种强烈的兴趣，我想知道当他们孤单一人的时候，他们会做些什么？他们在想些什么？爱德华·菲兹杰拉德[1]曾说：他希望能有更多关于芸芸众生的人生传记。我是多么冀望自己有一天可以去问一下诸如火车站站长、管家、厨房员工等这些淳朴、默默无闻的老百姓的真实想法，了解他们各自的人生轨迹。但这是很难做到的，即便有这样的机会，他们很可能也不会告知于你。接下来则是一段经过深思熟虑之后的真挚坦白的话语，我将毫无保留地袒露自己的心迹，力求把自己对人生的一些感悟与读者分享。老实说，这对我而言有点怪怪的感觉。

我将以浅白通俗的语言来谈论一下自己的人生轨迹和对人生的一些看法。我出生于英国一个普通家庭，在记忆中，父亲总是一副忙碌的样子。在外人眼里，他可能算是一位身处高位的人。父亲是一位理想主义者，有着出色的组织及对细节的把握能力。总之，父亲算是一位见过大场面的人，但他却时刻像一位学生一样不倦地学习。因为父亲经常变换工作地点的缘故，所以大体上我对英国各地都有一定的了解。更为重要的是，我是在一个有着良好学术氛围的家庭环境里成长起来的。

---

① 爱德华·菲兹杰拉德（Edward FitzGerald，1809—1883年），英国诗人、翻译家。他翻译的《鲁拜集》（Rubáiyát of Omar Khayyám，1859年，第一版）一直以来都很受欢迎，这部作品不是简单的字面翻译，而是在释义。菲兹杰拉德还翻译过埃斯库罗斯、索福克勒斯和卡尔德隆的作品。他的著作包括《幼发拉底人》（Euphranor，1851年）和《波洛尼厄斯》（Polonius，1852年），前者采用苏格拉底式的对话来评论教育体系，后者是一本格言集。1889年，他的书信出版。菲兹杰拉德出生在萨福克。在剑桥大学读书期间，他结识了萨克雷，两人成为一生的好朋友。后来，他又结识了卡莱尔和丁尼生。

我在高中阶段上的是公立学校，在大学期间，我还获过奖学金。我是一位中规中矩的学生，而且还勉强算得上一个出色的运动员，需要补充的一点是，我对文学有着强烈的兴趣。在年轻时，对于历史与政治学的兴趣不大，只是想在属于自己的交友圈中过一种与世无争的生活，过一种本色的人生。若是当年我有通往这些目标的“捷径”，那么我敢肯定自己将彻底成为一个“半桶水”式的人物。幸好我没有这些机会，日后在公立学校担任校长的多年生涯里，我的人生显得既忙碌又成功，但我不会流连于此。我必须承认自己对教育科学产生了浓厚的兴趣，而对于中等教育在学生的智力发展过程中所起到的负面作用又感到无比的忧心。后来我愈发觉得，现行的中等教育是以一种漫无目的、程序冗长及效能低下的方式组织开展的。在保持对原有教育系统忠诚的基础上，我将尽己所能去纠正教育中的错误倾向。可是当我不知不觉地发现自己更感兴趣的是文学时，心头便不禁为之一宽，这可以让我暂弃学术上的繁重工作。与此同时，我对自己在实践中所获得的一系列经验深怀感激之意，对同事、父母以及业已成材的男女学生们我也是铭记在心。

一个人若总是把精力放在忧心自己的人生该何去何从上，这是对心智的多么挥霍浪费啊！我也曾遇到过人生十字路口，那时我被选为大学团体的成员，这着实出乎我的意料，它是我长久以来梦寐的生活，而实现我人生的理想也看似咫尺之遥。

实际上我加入的是一个规模不大但目标明确的团体，在这个团体里我有些固定的职责，坦白说，这恰好可让我过上相对休闲的生活。在当校长期间，我养成了并且一直保持着文学写作的习惯，这绝非出自某种责任感，而是受来自一种使内心感到愉悦的本能所驱使的。当我回到规模虽不大但处处洋溢着美感的校园之时，内心充盈着归家的温馨。在这里，人们随处可以看到形式各样的既古老而又让人顿生敬意的传统。建筑显得那么的质朴，于细微之处彰显着优雅之妙。而那黑色屋顶的小教堂则是我落脚的一个地方，长廊环绕的厅室，装饰着盾形徽纹的玻璃。图书馆显得低矮，其状如书；漫步在综合室里，可以看到陈列在四周琳琅满目的画像，显得既高贵又厚重。让这样的场景来充当恬静、甜蜜生活的背景，这实在适合不过了。属于我自己的是一个宽敞的房间，透过窗棂可看到果园、花园交错的庭院，小鸟在灌木丛里飞起飞落，几棵树龄不知有多少年的老树在庭院里傲然耸立着，在盘根的老树下面，有潺潺的细水流淌——这是一幅多么恬淡、静谧的画卷啊！

这些充满美感的景物教会了我“如何从淡定的人生里偷取多点儿时光，让自己减缓衰老的过程”。我感觉在自己的周围，充溢着朝气蓬勃的生命所迸发出的快乐的溪流。那些指点江山、激扬文字的莘莘学子既友好聪明又尊师重道，在无忧闲淡的时光里，汲取所需的养分。当他们在这样的环境里翻开世界那一页页饱含风雨的页卷时，心中就避免了受到烦忧的侵袭。

我所在的学院在大学里算是规模最小的。昨晚在一个厅室里，我坐在一位著名人士的旁边，他是一位友善和蔼的人，他告诉我他对大学的一些看法。他希望将大学里所有的小学院合并起来，这样就可以形成规模只有六个学院左右的大学。通过他的语气，无疑可以感受到这样一点，即最优秀的学生只会去那些享有名气的两三个学院，而那些小的学院则像是奔腾的河流中无意间溢出的一点滞水而已，作用不大。他说和他意见一致的人都被选为学术团体的成员，他们反对改进，宣称许多金钱都被浪费在繁冗的管理运行之中。而从整体来看，这些小学院的存在是很微不足道的，我想在某种程度上这是有道理的，但若试着换个角度来看，我认为大学院也有其自身不可避免的缺陷。在大学院里，并不存在真正的大学精神。在大学里，有两三个顶尖的学院无疑是件好事，但不同大学里的学院是由不同学科组成的，如果某位学生从重点高中毕业去大学读书，他就不可避免地进入其相应的学科去学习，并且生活在这所大学的传统以及他原来学校的闲言碎语的影响下，这样就对别的学校知之甚少。而那些成绩相对较差的学生则会组成属于他们的“低级”团体，这些学生也很难从中得到什么益处。其实，规模大的学院之所以拥有良好的名声，那是因为许多优秀的学生都想去那里学习，而对于一些从开始起步就不顺的普通学生而言，这样的区分着实作用不大。

至于解决的唯一方法，我的朋友认为就是让这些小学院开放他们的团体，试着招募更多富于公共精神与自由思想的大学教师，这些老师应在某个学科有所专长。只有这样，那些有志于此的学生才愿意到这些学院就读。

今天的天气比较潮湿，我不是很喜欢这样的天气，但我不想闷在房间里，于是我打算去外面溜达一下，在一些小学院之间悠闲地散散步。我斗胆说上一句：在我看来，如果把所有的小学院组合起来，这将会是一件多么可怕的事情。这个美丽且柔和的地方，拥有属于它们自身悠长与光荣的历史与传统，这是多么具有吸引力与美感啊！我无意间发现了一个小学院，我对自己之前没有早点发现它而感到羞愧。这个学院背靠大街的是那堵斑驳剥落的灰泥墙，而更为古老的建筑则隐藏在这堵墙的背后。我步入了一间黑色屋顶的小教堂，在教堂圣台的后面高高地矗立着一面柱状的木制人字墙，教堂的天花板吊得很高，在圆柱状的壁龛上有精美的雕刻，这里曾是达官贵人所坐的地方。在画廊后面，映入眼帘的是一座散发着古朴气息的图书馆，无形中散发着令人惋惜的氛围，那是对高贵典籍随着岁月流逝而消退于人们记忆的一种无声的控诉与悲痛，它仿佛在低语泣诉：我已是叶凋红瘦啦！接着，我来到了一间宽敞的会议室，会议室的四周有很大的凸肚窗，透过窗子，可以看到恬静的花园和环绕周围的参天大树以及仿佛在微笑的小草。厅室的四周挂着过去许多著名人物——贵族、法官、主教，还有一些校长脸色红润、戴着假发的肖像。看着这些肖像的时候，我在默想：这些既平凡又高尚的人物当年就在这样一个普通、肃穆的环境里生活着。在过去那个充斥着葡萄酒与慵懒之人的年代里，想必这里也曾见证过觥筹交错、连篇八卦的场景。他们只是混着日子，全然放下了手中的书，在沉迷中驱散无聊与郁闷。在这种情绪之下，很容易会有以上的这些想法，但不可否认的一点是，就在这个地方，那些早已化为尘土的睿智之士也曾过着勤奋与思考的生活。当年所有耽于一时的喧嚣早已不复存在，整个地方本应该是充满活力与愉悦的，若是大学教师有冗长的会议、太多的教育灌输，那么学生本应有的学习生活就会被忽视掉。让我稍感欣慰的是即便在当代，仍有不少人甘于平淡，在生活中不断学习，他们也许没有什么雄心壮志，效率也许没有那么高，但他们在学习中“不知老之将至”，然后淡然地望着窗外那一片沁人心脾的美丽花园，静听着婆娑树叶的沙沙声响和厚重的钟声，不亦乐乎！现在，很多人都活在一种紧张与忙碌的生活节奏中，全然忘记了世上竟还有这等恬淡与无忧的生活时光，大学就是这样的一个地方：即使你只是一个穷人，只要你具有某种美德，也是可以过上一种富于尊严与简朴的生活，并从中获得纯粹的乐趣。许多人都会犯这样的一个错误：即认为所有的事情都是可以用言传来解决的，而事实上，身教才是真正具有巨大威力的。这些庄穆且美丽的大学校园之所以成立，在某种程度上归结于是想让人们能过上这等清静生活。在这个喧嚣的世界里，应存在这样一个角落，在这里，生活的节奏没有那么快速；在这里，生活就像一个古老梦境在静静地流淌，仿佛某种富有变化的色彩及轻柔的声音。相比于那些喜欢沉思与冥想的人以及那些怀着对人类做出有益影响的纯真希望持开放态度的人，我不知道那些为别人发财而工作的银行职员是否更为高尚。时至今日，美德似乎与现实的生活紧紧捆绑在一起了，若是某人不追求于财富又能摆脱婚姻的枷锁，去过着简单的生活，他就能在这里过上一个高尚与舒适的生活，同时他还可以为社会作出自己的贡献，在人生晚景与年轻岁月之间作一个妥协，这的确是值得一试。许多孩子在他们的成长过程中都会受到牧师或是老师的教诲，而这些牧师与老师的年龄都是在半百之上，因此，学生们就会认为老师是神经质与目光短浅之人，好像撒冷国王及祭司麦基洗德[①]那样从不知道生活的起点与终点。学生们觉得老师总是乐于用蓝色的笔指出他们的错误，然后在惩罚学生之时获得内心的满足。但校长们没有想到的一点是，他们可能正在为如

① 麦基洗德（Melchizedek），《旧约》中的人物，被称为“撒冷王”。

何正确指引学生走上正途而忧心忡忡，而学生们却认为老师们缺乏激情，看上去四平八稳，没有棱角，仿佛他们只是在沉闷空间里来回穿梭，直到最后乖乖地爬进坟墓。即便是在一个寻常家庭里，在孩子与父亲之间，要想有平等的父子情谊也是很少见的，毫无疑问，虽然双方有血缘上的关系，但却没有如朋友般的友情，其实，从很多方面来讲，小孩子的确有很多天性的古怪且令人厌烦的野蛮因子。我想很多父亲会有这样的感觉，若是想维持自己对孩子的权威，他就必须要与自己的孩子保持一定的距离或者有时让自己变得难以理解，所以，通常孩子只能从母亲或是姐姐那里获得同情与关怀。若是某位教师想要纠正这一点，他可就要下番功夫了。我的一位好友是我们学院的一位资深教师，他与我的父亲是同辈人，他喜欢与年轻人打交道，我经常向他询问一些不能向同龄人请教的问题并寻求他的建议。我们没有必要让自己假装年少老成，或逞一时之勇与年轻人在大学赛艇比赛中一决高下，虽然这些都是很有趣的事情，但必须是要符合自然的，而独缺的一点就是其中的可行性及一种淡然的真性情。在这般影响下，年轻人就可在年轻之时明白一些积淀深厚的道理。

而要做到这一点的困难之处，就在于人养成的习惯及言谈举止。某些人会遗传一些先天性的急躁与冷漠的性情，但正如佩特所说的，人生的一大败笔就是受制于养成的习惯。当然，人们必须要清楚自己的能力范围，明白自己的能力怎样才能最大化发挥，但任何人都不应让自己变成一个铁石心肠、形容枯槁、棱角分明之人。大学最低的一个级别就是让其毕业生的内心踌躇不定，因为他们日后必须要为生计劳累奔波，除此之外，他们的人生没有什么追求。就一个有血有肉的心灵、一个富于幽默与理智情感的学生而言，大学的生活应该是一种践行仁慈与友爱的生活，应该让小额的投资结出硕大的幸福果实。当我们以一种不偏不倚的眼光去审视之时，就可清楚地看到：在一种休闲与简朴的庄穆中肯定自我；以自己完整的尊严昂然活于世上；与年轻人及慷慨之人交往；与别人开展热烈与睿智的对话；自由地选择参与社交或是独处；让自己的工作得到别人的尊重；而在休闲之时，则能获得应有的慰藉——这种生活才是在人生中最大限度撷取幸福之果的生活。这难道不比在那所谓的职业成功浪潮中随波逐流更好吗？在这股大潮中，人们被迫在工作之时忍受苦闷与疲倦，在千篇一律的家庭琐碎中打转。家庭生活是重要的，且给人带来许多欢乐，但若是必须为此付出全部，我宁愿以自己的独身来换取自我的独立。

大学校园里有一些老师，他们对希腊小品词颇有研究，经常端杯葡萄酒临风抒怀，而这种人物形象却是与许多小说家所描绘的那种生活所需的勇敢、机智及全面相悖的，这实在是一个极大的误解。在大学校园里，我不知道是否还存在这样的老师，就我个人而言，我对希腊小品词并不感兴趣，对于葡萄酒的爱好也只属一般，但是我全身心地爱着大学这些古迹所散发出的优雅之美，庭院中那斑驳剥落的每堵墙仿佛是用酒滤过一般，嗅上去芳香醇厚。而几个世纪以来的人事变迁，那些将人性显露无遗的传统则紧紧地缠绕在这片土地的每个角落。我爱这个历经风霜的庭院里每一个古老的角落，它们散发着生机勃勃与意气风发的气息，并释放出不朽的精神之光。一春又一春，桂香花开满枝头，流溢着黄褐色的光泽，一股质朴的野香向古老的旧墙袭来。对那些喜欢岑静与沉思的人而言，这是多么美好而恬淡的生活，这里的生活没有一丝剧烈的迹象，没有时刻企图统治别人的欲望，没有压制别人的野心，这里的生活让世人明白：生活中对美好的奖赏并非只属于那些智力上乘者，同时属于那些怀着谦卑之心、向别人伸出援助之手的人，那些既能慷慨陈词又能屏神静听别人观点的人。这里的生活让世人发现，原来世上还有一个温柔的、略带惆怅的、可以令细微的情感漫溢出来的地方；这里还有柔软与舒适的印记，所有这一切都能和谐共处。无论这种理解之光是多么的暗淡与模糊，人们都能感知到这里到处洋溢着的智慧与忠诚之爱，还有在默默中的耐心和希望——这些都是人们的精神食粮。宗教并非是那些聪明人或是牧师的事情，而是灵魂深处渺远的画景。

我深知自己上述的种种思想或者愿望很难让人深入触及，它常常就像害羞的小鸟那样扑朔迷离且难以把握。但我想说，人活于世绝非是虚无缥缈的事儿，也不是一味沉迷于不切实际的空想之中，恰恰相反，在人的一生中，我们要不断地努力，不断与同事开展交流。我教过书，参与过组织、教导等工作，我时常关注着成人与孩子，我认为我已发现了人生的欢乐、兴趣乃至悲伤的源泉。但是我越发觉得，我们教育所经常倡导的野心或是处心积虑的成功，往往会错过通往简朴人生的道路，而进入荆棘与险峻高山的迷途；我越发觉得，我们需要专注的是心灵平和与人生的简朴，我们与别人的关系应该是真诚、直率，而非圆滑世故的。我们的恶语伤人、卑鄙、冷漠及无动于衷，这些都是难以原谅的罪恶。墨守成规是倦烦之母，快乐的感觉并非源于物质上的满足，而是在于一颗雀跃的心。世界是一个充满乐趣与美好的地方，自愿且认真地工作，这就是快乐的秘密。当我写下这些句子时，也许很多看上去不过是老生常谈或是陈词滥调，但是它们对我而言，就像是在路旁捡到的珠宝那样珍贵。

接着，我透过这扇大学之窗伸头向外看去，在窗外的另一面，我看到了绿草铺地的花园，这里隐约散出一股隐士般冥思的宁静，这是一个可以来回踱步的地方，也是一个适合在清醒之际享受心灵愉悦冥想的地方。但透过这扇窗我也看到另外一面，那就是世上不断催生与变化的生活在学习与活动之间飞速地转换，我看到大街上熙熙攘攘的人群川流不息，仿佛一个发出巨大声响与泡沫的浪潮，这其间充斥着浓重的商业气息、爽朗的笑声、悲伤、疾病，甚至还有死亡的奢华葬礼。

这些就是我的观点，我可以坦诚地说，这一观点并不悲观，同样，它也不是令人高兴到捧腹大笑。我觉得自己并没有炫耀式地说些满腹经纶的大道理。就像约翰逊博士[①]那位君子之交的朋友爱德华斯说过的那样："在我的人生里，我曾努力尝试去成为一位哲学家，但我总是找不到入门的途径，因为生活的欢乐总是不时地闯进。"这并非是一位饱含学识的学生所持的"知识无功用"的观点，我也不是一位幽默的作家，因为我对美的喜欢更胜于对笑声的喜欢；同时我也不是一位多愁善感的人，因为我憎恨在自我情感的圈子里来回打转。要把自己的本色袒露出来，这不是一件易事，我希望自己能做到这一点，我只是希望能与读者进行坦诚的交流，以一种舒畅明快的方式就人生经验、抱有的希望、耐心等方面可以私底下进行窃窃私语地探讨。我无意掩盖人生丑陋或是冷漠的一面，这些都是客观存在的，它不会以人的意志为转移，但我个人认为，你若不是一位专业

① 即萨缪尔·约翰逊（Samuel Johnson，1709—1784年），英国作家。

的心理学家或是统计学者，那么耿耿于这些阴暗面是毫无裨益的。我始终坚信，激励他人比纠正别人的错误更为有效；赞扬比惩罚更为舒坦；帮助别人比一味谴责更为仁慈。如果说哪种态度是我所要去避而远之或是憎恨的，这就非愤世嫉俗这种态度莫属了。我相信浪漫的存在，用通俗的话来说，就是对于一些情怀高尚之人来说，他们在勇于面对人生惨淡之时展现出来的情怀。我觉得人们应从事物中发掘美感，或是从人群里找寻其有趣的一面，而不是沉湎于发现别人的卑鄙或是失败，并从中暗暗窃喜。还有一种态度也是我所深恶痛绝的，这就是那种貌似的肯定、积极和伪善的态度。这种态度让人顽固地认为自己总是站在正确的一面，而对手则几乎总是错的。那些探究公理或是公式的人常常认为妥协就是示弱的表现，而原创则是庸俗粗野的表现。就我个人而言，我是厌恶任何一种权威的形式，我是一位坚定的共和主义者，在文学、艺术或是人生领域里，我想唯一值得推敲的结论，就是自己得出的结论——若是自己的结论与所谓“行家”的相一致，那是他们的厉害之处；若是他们与自己不相符，这则是你厉害的表现。每个人都不可能赞赏或是喜欢任何事物，但是我们却很有必要以一种公正与不偏不倚的眼光去看待事物本身，做出自己的选择，然后就坚守它。与此同时，切莫将自己的观点强加于人，如有需要，我们可以为自己稍加辩护，但不要妄称权威。

从知识扩展的角度来看，当我以一种说不清、道不明的“死忠”态度去坚持某项我已感到厌倦的工作，或者人云亦云地去赞美别人赞美的东西时，我就会认为自己是在浪费时间。当我发现全世界都对某物喝彩而我却不为之所动的时候，我便认为我的时间是物有所值的。而当我学会欣赏自己所做事情的价值，并且学会因事物本身去爱某事的时候，我便认为这段时间是物超所值的。

在文学、艺术领域里，那些为君王歌功颂德的文体早已成为了过去式。一个人若是能够放弃自己的一些偏见，那么他也就开始了“朝圣之旅”。人们必须学会给予别人适度的尊敬。在那些高尚情操之人面前，心悦诚服地鞠躬，不论他们是身穿黄袍的达官贵人还是默默无闻的一介布衣。

真诚与简朴！若是要我说从哪一点上尊敬他们，或者说希望让自己按照什么样的气质去塑造自己人生，真诚与简朴就是我想追求的，我将会学习这种气质，并且在生活中机敏地捕捉这种气质，无论它是来自于老年人或是年轻人身上，这种精神才是最重要的。

因为我相信，在人生里有一座庞大而又安全的城市，我们每个人都有机会成为其中的一员。倘若我们得到上苍的眷顾，就能成为其中一员并快乐地在那里生活，但是通往那里需要我们跨过多舛的命途与伤痛，穿越错误与莽撞之苦才能到达。有时，我们只能远远看到朦胧模糊的城市轮廓和珍珠般的城门，但终有一天我们会发现通往那座城市的大道，然后从容地走进去。在那里，我们就可享受快乐与幸福了。但即便我们不是栖息于此，我们依然会快乐无比的，因为我们知道，无论徘徊多远，我们都有那个炉火熊熊的壁炉和一张张的笑脸。

那些正在找寻的人将会明白我所指的城市是什么。而那些业已找到方向的人，当他们看到这些字句的时候，望着远处城市的灯火阑珊，也许会嘴角一翘，莞尔一笑，然后风趣地说：“哈！原来他也是在这座城市里啊！”

在不同人的心中，这座城市有着许多不同的名字，其地位也是轻重皆有。但可以肯定一点，那就是进入城市之后，人们对生活将不会再有什么疑问，他们可能漫游到远方，或只是偶尔地拜访一次，但这座城市却仍是安详与荣耀地矗立着。在人一生短暂的岁月里，这是唯一真实与可触摸的，直至永恒。

第二章 论“老之将至”

一个人在老之将至之时，应该以一种恬淡与适宜的方式去生活，应对自己以往的人生时光心满意足。人生的追求也应顺其自然地发生转变，而不是满怀悔恨的泪水依依不舍地离开，在人生舞台谢幕之时，不应大声抗议，绝望地抓住门栏或是扶手不愿离开。他应该面带微笑，迈着从容的步伐缓缓离开。

当我孑然一人从河边散步归来之时，太阳的余晖在榆树与城垛上熠熠闪耀着。一股厚密的炊烟从高高竖着的烟囱之上升腾而起，在金黄色的霞光中渐渐淡化为缕缕蓝烟。人们的游戏娱乐刚刚结束，一大群穿着长外套的观众似洪流般鱼贯奔向城镇，人群中夹杂有不少衣着色彩斑驳且满身泥泞的运动健将。大半个下午，我都在河岸边溜达，静静看着河面上来来往往的赛艇，听着舵手们震耳欲聋的呐喊，桨橹有节奏地划动着，拍在水面上的水花四溅，桨橹不时发出与渡船剧烈摩擦时的“嘎嘎”声响。25年前，我作为一个桨手就在这其中的某条赛艇上，现在我可不想重温过去那一幕。自己也不知道个中原因，为什么当年自己被满腔热情冲昏头脑，居然同意成为其中的一员，将能量释放在一个错误的地方。我不是一位优秀的桨手，也从没到过这个级别。对于自己的表现，我是从不心存幻想，有时，哪怕是在短暂的自满、自得之时，也会被岸边那挑剔的观众严厉批评，这种想法就立马消失得无影无踪。当我们休息片刻之时，既会听到别人的赞赏，也会听到批评之声。虽然我没有想要重复这一经历的愿望，也不想唤起当时自己一想来就觉得难以忍受的劳累，身处于雀跃的观众之间，我略有淡淡的感伤，因为我已经失去了某些东西——失去了身体的意气与弹性，也许还包括精神层面的某些东西吧！不过当时我并没有察觉到这些。现在我发觉自己年轻时的确是身强体壮、精力充沛，当我看到这些身形矫健的年轻人露着脖子卷起裤管，有节奏地把桨向前划时，我的内心泛起了羡慕与憧憬之情。我看到一位身手敏捷的运动员用肩膀扛着船，从水边步伐稳健地走向船库，把这些船紧紧地停靠在一起——在这一过程中，船与地面沙子的摩擦发出刺耳的响声；我看到两个年轻运动员在划桨练习之后，在河边跳着毫无节奏感可言的即兴舞蹈；我看到运动员与教练们之间的交流——一个四肢发达的年轻人兴高采烈地啜饮着一杯来之不易的清茶，我希望此时的他内心没有一丝的忧愁或是烦恼，在享受着一个愉快的晚上。“喔，琼斯三人组，斯密斯无敌！”我自言自语地说，“tua si bona noris[①]!”年轻人，好好珍惜时光吧！在你们去办公室、四方室或是乡村牧区工作之前，珍惜吧！希望你们过上富于道德的生活，结交诚实的朋友，多读点好书，多收集些美好的回忆——一间火光闪烁的古朴院子，一场酣畅淋漓的对话，尽情开怀的节日的喜庆，清晨凉风习习的空气多么的怡人；太阳初照在小鸟睁开的眼眸时，闪耀着斑斓的色彩；刀叉碰撞出的丁当声是多么的清脆啊！烧烤羊肉的香味是多么的浓烈，以至于飘到了大学礼堂的黑色屋顶。但这些光阴是短暂易逝的，你们的学子年华是短暂的，千万不要忘记作为年轻人应有的通情达理及良好的幽默感。

撒克里有一首轻快愉悦的民谣是他在40岁的时候创作的。他这样说：“我的确是在等待——有时我会射偏目标——而在今天，眼皮底下所有匆匆易逝的人生与往常无异，仍怀着同样的漫不经心与嬉戏打闹，这不禁让我反思。俯拾过往的记忆碎片，看看自己是否怅然若失，是否堕落深渊或是有所遗留——一些力量还是在残留。”

我个人认为，一个人在老之将至之时，应该以一种恬淡与适宜的方式去生活，应对自己以往的人生时光心满意足。人生的追求也应顺其自然地发生转变，而不是满怀悔恨的泪水依依不舍地离开，在人生舞台谢幕之

---

① 拉丁文。

时，不应大声抗议，绝望地抓住门栏或是扶手不愿离开。他应该面带微笑，迈着从容的步伐缓缓离开。当然说起来容易，做起来该多难啊！当某人第一次意识到自己并不适合在足球场上竞技之时，失落之感可想而知；当他失去了年轻时那敏捷的身手，无法胜任后卫防守的职责，或是当跳舞成为相对剧烈运动而显得力不从心之时；当他在晚餐之后必须要睡上一会儿，才有精力去散步，或是在消化不良不能饱餐一顿之时。此上种种，怎不叫人感叹物是人非，白驹过隙，日月穿梭。但这都是人生必经之路，我们最好对之付诸一笑，而不是忧心忡忡，惶惶不可终日。一个老人若是没有能力斩断对自己年轻时期那强壮体魄的幻想，而是还想在这些方面获得别人热烈的夸耀，这实在是既可笑又荒唐。我们可以听到年轻人谈论着一些与我年龄相仿“不服老”的人，或是看到一些老人将自己的意志观点、快乐强加于人，这对我而言实在是上了关于反对留恋青春的生动一课。人是可以在不失尊严的情况下，给别人带来欢乐的。偶尔参加一些活动，以符合老年人心境的方式，而不要试着去掩盖自己行动的迟钝。这才是我们需要为之努力的。也许最为简便的方法就是让自己“降格”为一名真实的观众，为那些自己无法参与的游戏给予真心的喝彩，赞赏自己已经没有的敏捷身手。

那么，在失去身体的优势之后，到底有什么东西可弥补的呢？我敢肯定地说，有很多好的东西哩！首先，我们不会再重蹈年轻人所历经的痛苦——一种缺乏自知之明的痛苦。此时，我们可以看到，当年那些纯净、柔和的心是如何被自己笨拙的举动、不可名状的羞涩及无话可说的自我挣扎所破坏。更为让人心碎的是，自己曾以错误的方式说出错误的话语给心灵带来了创伤。不可否认，很多这些以往经历的痛苦都被严重地夸大了。比如，某人走进教堂，忘记了摘掉草帽，脱下身上穿的外衣，他可能就会感到在接下来几天时间，墙上仿佛都写着言辞激烈的话语。在自己年轻时，我是一位笃实的谈话主义者。在那些年少轻狂的岁月里，觉得自己无所不能，认为自己的观点比那些卖弄学问与满脑子都是成见的“老先生”们的正确几百倍。当与这些“食古不化”的人聚会时，在我刚想出一句适宜的话时，他们的寒暄已告结束。所以，我要么缄默不语，或是迟到得让人绝望，抑或是从以往经验中撷取一些高度概括的话语来搪塞；有时，一些冷漠无情的老一辈人会以洪亮的声音、轻蔑的语气对我所说的话加以纠正，这真是一幅让人心碎的情景。在这些会面结束的时候，我被他们当成一位烦人且毫无经验的毛头小伙子，对我也是冷眼相看。我知道自己内心汹涌的活力与愉悦，但我却发觉自己很难说服这些老一辈人——即使自己的确是有这些能力的。有时，一位性情温和的长辈朋友还会利用我的羞涩，说这完全是我自己想得太多的缘故。若是某人患有牙疾，那你告诉他这只是他的“自我吸收”让他受苦，类似这样的话无疑是废话。毋庸置疑，年轻人是很容易受到这种“自我意识”疾病的困扰。玛丽·巴什科采夫[①]在她那袒露心迹的日记中曾记述过去拜访一位崇拜她的人的一个故事，她说当走到那个门槛的时候，她不禁深深呼吸，祈祷一下：“上帝啊，让我的容貌好看点吧！”可见，一个人是多么想给别人留下良好的印象，让别人欣赏自己！

① 玛丽·巴什科采夫（Marie Bashkirtseff，1860—1884年），乌克兰裔法籍作家与画家。

而现在，当时所有不安的焦躁已离我一去不返了。对于要给别人留下深刻印象，我也不再抱有以往那么强烈的幻想了。当然，每个人都想让自己在别人面前显示自己的活力与朝气。年少之时，我时常陷入一种希望给人带来欢乐或是某种兴趣，从而被人欣赏的怪圈；而现在，我则会怀着谦卑的愿望，以求得到别人的这些礼待。在很大程度上，我觉得自己摆脱了自负与自以为是的态度，让自己变得更为自然，也逐渐发现别人越发可爱了。自己从没想过驾驶“超速军舰”与年轻人一起探险或是“远征”，而是更加愿意怀着谦卑的心，划着小船，与别人开展一次友好、坦率之旅。我不再想去压制别人，而是去宽容。我敢于表达自己心中真实的想法，不惧别人的反对，同时也意识到自己的观点也只不过是芸芸众生中的一个而已，还需要时刻准备进行改正。年少之时，我希望得到别人的认同；而现在，不同的观点让我倍感有趣。年少之时，我总是试图去说服别人，但现在我真心感激那些指出我错误与愚昧的人，不再害怕说自己对某个学科一无所知了；年少之时，我总是假惺惺地扮成无所不知，在被别人“驯服”之时，还是满肚子愤懑。现在回想起来，当时的自己真是个喜欢捣蛋的“问题少年”，但我希望当时的自己在别人眼里不会显得那么离经叛道。

老之将至的另一大裨益在于不断放下自己对一些常规的霸道与专横。从前，我希望自己可以做正确的事情，认识正直的人，投入有益身心的运动。我并没有考虑到这是否是以牺牲自己的利益为代价。当时只是觉得，“随大流”是很重要的。后来自己逐渐发现，别人对自己的所作所为其实并不像自己想象中那么在意。而正直之人往往是那些让人感到厌烦与保守的。唯一值得我们去参与的游戏就是我们自己喜欢的游戏，以往，我忍受着坐在空气不畅的房子参与谈话；明知自己不会射击，依然接受别人的邀请；有时还会去凑热闹，与别人去跳舞。我所做的这些原因都很简单：因为别人也参加。当然，有时在很多时候，人是身不由己的。但我发现一条重要原则：**那就是做别人眼中有趣与喜欢的而在自己心中讨厌的事情，这实在是大错特错的行为**。现在，若有人让我待在一间沉闷屋子里谈话，我会断然拒绝。我拒绝参加自己不喜欢的花园聚会、公共晚餐及舞会的邀请，因为我清楚地知道这并不会给自己带来丝毫的乐趣。当然，有时人也是需要一些活动去填充空闲无聊的时间，作为基督徒或是一位绅士，我们有责任以优雅的方式去做好这一点。现在，我不会被自己那不足为道的偏见蒙蔽双眼。年少之时，若是我不喜欢某人的络腮胡子的剃法或是别人衣服的款式，或是稍微认为别人举止粗鲁唐突，抑或对自己所感兴趣的东西不感冒，我即时就会把别人看低，进而也就没有心思进一步交往的打算了。

现在，我明白了这些都是很肤浅的。一颗善良的心与幽默的个性并不与奇形怪状的靴子或是羊排似的络腮胡子挂钩。实际上，我反而会认为别人的古怪脾气与不同的观点是非常有价值的。现在别人表现出来的笨拙，我一般都会认为这只是双方还不熟悉所造成的拘谨而已，当彼此熟悉之后就会自然消失。可以说，现在我交友的标准降低了，变得更为包容。当然我必须坦白一点，自己也并非对什么事情都忍气吞声。我所指的不宽容是针对人的内在而非其外表。直至现在，我仍在时时对那些唠叨成性、傲慢与睥睨别人的这类人敬而远之。但若是必须与他们在一起，我也学会了保持缄默。某天，我去一个乡村屋子参加聚会。一位年老但却让人讨厌的将军一下子就确立了谈话的主题“叛变”。他口若悬河地谈论着当年自己作为一位年轻的副官英勇战斗的情形。当时我就敢确定，这位老将军是在说些最为荒诞不经的虚假言论，但我没有理由去反驳他。坐在将军旁边的是一位谦恭有礼同时面带倦容的老绅士，他十指交叉地坐着，间或微笑点头示意。半个小时后，我们点上了蜡烛，将军则独自上床睡觉去了，留下一大群打着哈欠的无精打采的人。老绅士走到我面前，手中拿着一根蜡烛，他望着将军离去的背影，缓缓地说：“这位可怜的将军啊！他可知自己在胡说八道啊！我无意去反驳他什么，但我的确知道当时关于战争的一些内幕，因为当时我是战争部长的私人秘书。”

这才是我们应有的正确态度。我想，在这位有着绅士风度的哲学家身上，我得到了一个经验：那就是如果某位自大高傲的人所讲的主题恰好是我有所了解的，我一定要保持缄默的态度。

老之将至的另一益处是虽然我们不再像年轻时那么具有强烈的意念、敏锐的见解、悸动的战栗，但是我们的心智却不像年轻时那么容易毫无征兆地陷入困窘与绝望之中。我以为，人生并非总是欢天喜地的，但它必定是富于趣味的。年少之时，对于许多事情，我都不放在心上。当时我只是一心扑在诗歌与艺术上，在那时我觉得历史是枯燥无味的，科学是无聊透顶的，而政治则是难以为继的。幸运的是现在自己的想法全然改变了。年轻时的光阴为我的人生叩开了许多扇大门。有时，不经意间一扇通往神奇迷幻的大门敞开了，那里有让人为之迷醉的浩渺森林，肃静庄重的大街，还有微风下的离离青草。有时，这扇敞开的大门通往一些枯燥无味的地方，一座光线昏暗的工厂与车间，还有工厂上方闪烁着的灯火，在那里人们整天忙碌于让人难以忍受的工作，如轮子般机械地运作，而这种工作仿佛深不见底；有时，这扇敞开的大门指向一个单调与让人忧伤的地方，满眼是布满碎石的山丘，蔓延到天边的沙堆；最为可怖的是，有时这扇敞开的大门指引通往充斥着苦难、哀怨及绝望哀号的渊薮，恐惧与罪恶的阴翳难以挥去。一想到这些，我的内心就有一股难以名状的惧怕，无处呻吟。这些被诅咒过的地方会盘桓在我的脑际长达数天，这些奇幻、离奇的臆测，如汹涌的洪水向我袭来。今日的世界与自己孩童时对世界本来的想法是多么的迥异啊！这又是一个多么古怪、美丽而又恐怖的世界啊！人生的旅程在继续，沿途的美景也在渐次铺展，而一种沉淀与幽静之美就会自动彰显。年少之时，我醉心于那些古怪的、所谓深刻或是摄魂的美，追寻那些震撼人心与感人垂泪的作品。这些美就好似轻轻浮在冬季刚刚被雨雪涤过、略带色彩的山岚之上；夏季那斑驳的绿叶及棕色的树干，现在都已繁锦尽脱，却又显得如此的质朴无华，如此纯洁。年少之时，我希望灵感的迸发，瞬间激情与强烈情感的爆发。而现在，我则希望拥有一种理智之爱，沉静的反思。在一个清凉的世界里，即便不能随意休息，也可怀着舒坦的心情踏上旅途，胸中装着人生的种种阅历，怀抱着微茫的希望。对于世界、自然、世人，我是越来越无求了。

抬头看吧！一股微妙与柔和的情感清明可见，如同远处黛蓝色的山岚，这是多么的洁净与纯粹。整个世界在不息地运行，不论过去还是现在，刹那间变得如此通透与明晰。我看到了超乎政治与宪法争论问题之外的人性之光。这种强有力而又看似简单的力量如一道平缓流淌的河水，不时泛起人性的泡沫与浪花。倘若在年少之时，我相信人性及其影响是足以改变或重塑世界的，那么现在我发觉人性最坚强与最激烈的形式表现在以下这些情形：在失事的船只上，断裂的树枝上，沾满鲜血在地上匍匐爬行的人口中那咬断的青草根。这些人背后有一种虽黯淡却难以抵挡的力量驱使着他们勇敢向前，让他们在洪水泛滥之时，身先士卒。很多平常在我们眼中看上去无聊或是一些不证自明的枯燥公理，抑或一些让人觉得平常无奇的常识，其实都是人类在经过不懈努力与付出极大汗水之后所总结出来的重要劳动成果。但是，其中许多具体的细节及与人类的关系都被许多年轻人以某个学科之名，怀揣着某种傲慢的偏见忽略了。之后，他们才会慢慢地领悟其中蕴涵的巨大意义。我无法追溯自己这一转变的具体细节，但我能感受到这个世界的充盈、所散发的能量以及那带给人无与伦比的惊奇。之前在我眼里看似无聊透顶的抽象理论，现在则闪熠着人类思想的光辉。

也许，老之将至最大的一个得益就是获得某种耐心。年少之时，犯下的错误看上去是难以弥补、不可原谅的；有时又觉得理想只是在咫尺之遥的事情，而失望则是难以忍受的。这种忧虑就像难以穿透的黑云一样荫蔽着大地，失望的“毒药”浸渍着本该充满生机的青春。但现在我明白，错误是可以改正的，而随之而来的焦虑也一扫而空。有时反而觉得，犯下的错误会得到一种类似补偿的快乐。而实现的目标则并非想象中那么让人开怀。失望本身往往是催发你再次尝试的动力。我渐渐认识到自己的缺点，但并不纠缠于此。我明白了希望的曙光比悲伤的痛楚更加不可征服。因此，这让我认识到，即便在逆境中，在看似一事无成或是痛苦的经历中，人其实还是可以收获比想象中更多的东西，这是千真万确的。这也许不是一种激昂或是离别时那让血液沸腾般的精神，但却是一种更为沉着、更为有趣与快乐的充实。

所以，正如鲁滨逊·克鲁索[①]孑身一人被困在孤岛上，仍可在此等极端恶劣的生存情形下获得对生活的一种平衡感。我个人倾向于认为，人性中善良的成分是占多数的，虽然有一些根深蒂固的人性本能是难以根除的——比如人既想吃下蛋糕，又想同时拥有它——这种本性不是单凭一些道德说教就可以剔除的。或是某个人既想在中年时期有所成就，但又不想挥别青春的萌动。某位著名作家曾说过：老之将至的一个悲剧在于，人们还保持着幼稚的心态。通俗地说，就是精神的发展并没有与肌体发展同步。人生的悲伤的一大源头源于丰富的想象力，源于回忆起年轻时美好的时光、往时的雄姿勃发的激荡情怀，源于预测自身随着年岁逐渐衰朽。毕康斯菲尔德说过，世上最邪恶的事情就是必须要忍受自己臆想的根本不会发生的灾难的那种痛苦。但我觉得有一点可以肯定的是，我们每个人都要专注眼前的每一天，并将之最大化。我不是推崇享乐主义，不计一切后果去肆意享乐，一下子挥霍掉本该持续一辈子的快乐与幸福，而是要像纽曼这段诗歌的精髓那样过活：

“我并非贪恋远处的美景，
一步之径的景色已够我消受了。”

① 鲁滨逊·克鲁索（Robinson Crusoe），英国作家笛福小说《鲁滨逊漂流记》的主人公。讲述他流落荒岛，绝处逢生的故事。

现在，我发现自己可从中汲取某种能量，尽自己最大的努力去过好每一天、每个小时。年少之时，只要一想到将要有一些自己厌恶的聚会，或是让我烦忧的事情，我的情绪就很是低落。而现在则不一样了。在没人打扰的平和日子里，我的内心充盈着精神上的愉悦，从中获得高级的享受。因此，我有必要在死神来临之前，改变之前那种情绪低落的状况。以前，我时常会在拂晓时分骤然惊醒，突然觉得自己还有时日可活，就不惧怕那一天的到来了。晚上入睡之后，心智处于清醒却又失衡之时，一股莫名的焦躁不安的情绪又悄悄潜入意识之中，让自己预想着一些恐惧的事情，感到自己无力去面对。现在，在醒来之后，我会对自己说：“无论怎样，今天我还活着，至少我手中还有今天呢！”一想到未来不可预测，我就努力让每一天增值。我想这也是许多耄耋老人经常表现出淡然自若的一个秘密原因吧。看上去，他们离那扇暗无天日的“黑门”近在咫尺，但他们却漠然视之，不予理会，照样专注干一些平常的琐碎事儿，内心充溢着某种儿趣。

天际线逐渐昏暗，我拖着缓慢的脚步回到大学校园——一个时刻可以给我心灵带来平个静的地方。门童把二郎腿跷在壁炉挡板上，坐在舒适的房子里，正阅读着报纸。庭院里灯火闪闪。壁炉里的柴火烧得噼里啪啦，发出阵阵的碎裂声。墙上挂着当年自己队友的照片、家庭大合照，悬挂了许久的划桨，还有那顶挂了多年的毕业礼帽，所有这些都勾起了我对年轻时美好时光的追忆。我轻步走进书房，听到壁炉旁的水壶正在“滋滋”地唱着歌儿。我突然想起了自己还要写几封信，还要翻一下一些有趣的书，记起还有一个让人神往的愉快晚餐聚会。在闲谈一阵之后，有一两个大学生来到我的住处，与我闲聊着一些关于论文与文章写作的事情。现在，我更愿意承认自己在这方面上的能力不足，像一只老态龙钟的猫儿一样，讲起话来都是咕噜咕噜的。我觉得自己正在享受着无价的悠闲，偶尔做些琐碎的事儿。我还有很多生活故事要说呢，要去倾诉呢！若是我不能保持清醒的头脑，那可真是可怜哀哉！

我也清楚知道，自己与生活中的一些“知己”渐行渐远了——壁炉、温馨的家、妻子的陪伴、看着儿女成长所感到的乐趣与满足感。但若是一个男人有足够的男子气概或是一颗善良的心，那么就会发现其实很多年轻人都乐意在未来承担作为父亲的责任，同时，对于那些倾听他们的苦闷、困难或是梦想的人表现出的关怀深怀感激。我的三两个年轻朋友，他们会向我说一下他们现在所做之事及他们真正希望做的事情。许多小男孩都是我的朋友，他们不时跑过来告诉我他们是如何在这个大千世界里与人融洽相处的，反过来，他们也想听听我经历过的故事。

当我一人静静坐着的时候，壁炉台上时钟在“滴答滴答”敲打着分秒流逝的光阴。木柴在壁炉里痛快地燃烧着，不时炸裂一声。我就这样静静地坐着，直到一位老校工过来敲门，问我晚上有什么打算。于是我们走到庭院上，礼堂上盾形徽章的玻璃反射着灯光。一群精神抖擞、穿着长袍的人们踏上楼梯。抬头仰望星空，在尘世生活的一切喧嚣与低语之上，在黢黑的夜空之上，静悬着永恒的星光。

第三章 浅谈“书籍”

但我笃信这一点：在我们人生朝圣之旅中，一种美丽的神秘在我的心间不断聚集且繁衍。

怀着这种情怀去阅读的人，就会越发趋于去阅读一些主题深远、凝结智慧及美感的书籍，在看似老生常谈的思想中榨出新的思想与精髓。他们会更加注重书中所涵养的温馨与高贵的情感，而不是文字的故意雕琢或是字词的苦心孤诣。

每次当我走进大学图书馆的时候，内心总是怀着一股寂凉与伤感之情。我在剑桥大学就读的时候，曾流传这样一个故事，大概是说一位乐于收集书籍的老师，总惯于在公共场合上讲述他必须承受的种种。某天，他在某个礼堂上痛斥图书馆那庞大的体积："我真的不知道该如何处置我拥有的书籍。"他眼里满怀慈悲与同情地望着四周。"为什么不去阅读它们呢？"一位持反对意见的同事提出尖锐的反问。其实，若是当时我在现场，我想自己也会提出同样的疑问。但真正的事实并非如此。我们的图书馆的确有不少藏书，正如D.G.罗塞蒂[①]曾谈到他的童年时期父亲拥有丰富的藏书量时说的那样，"许多书籍是不适合阅读的"。现在，图书馆的许多书籍面临着相似的情形。不可否认，大学图书馆的书籍皆是有益于身心的。一排排体积庞大与形状不一的卷帙。而书的背面如太阳烤焦一般，失去光泽的装饰，黯淡的镀金，这些都是怎样的书呢？这些都是那些旧版本的经典书籍或是充满争议性的神学卷宗，还有一些关于天文学的书籍、地形学的专著以及那些一听名字就让人感到厌烦的哲学家的著作，一捆捆的小册子，就像当年这里曾被柴火光顾过，在多年之后积淀下的灰烬。顺手取下一本书，封面看上去还是蛮养眼的，有一种古物散发出来的特有芳香。在浏览粗糙凸凹的书页时，会有轻微的"劈啪"声响。一些制作精良的书还是让人觉得很舒适的，一种怡然的感觉不禁生发。但它们能带给人们什么启示呢？唉，真的很少啊！人们不得不承认这点：若是说这里可以提供许多有用知识，这只是一个善意的谎言。这些书籍蕴涵的知识

① D.G.罗塞蒂（全名Dante Gabriel Rossetti，1828—1882年），英国诗人、画家、翻译家。

乳汁是这样的少，以至于后代学者只能从中吮吸少得可怜的蜂蜜。人们对其中的错误进行纠正，然后取而代之。传递下的知识种子，有时甚至要对之进行一番筛选。前人的谬误需要耐心的解释，这是不断推进知识进步的必经之道。而现在这种知识已被塞进某个不为人知的角落，远离人们的视野。

现在即便在这里，一想到在某个角落里还有一些不为世人所知的且尚未被发掘的知识珍宝存在，我就稍感欣慰。在这样的图书馆里，过去几个世纪的岁月里，一个个书架上陈列着制作粗糙的书卷。而这些书页上充斥着既让人好奇又让人无法理解的“密码”。至于这些所谓的“密码”，没有人会去注意，也没有人试图去揭开在这些“密码”里面所蕴涵的秘密。终于有一天，一位好奇心极强的学生在悠闲地翻着这些书卷的时候，他就下定决心，一定要破译这些秘密。历经千辛万苦、千回百转的曲折之后，终于达到了自己的目标。结果发现这些书页是某位著名学者的私人日记，这为我们对过去一个年代的社会状况的研究投下了一线曙光。在日记里，我们可以看到人性最为纯朴与真诚的一面。

但在那个印刷技术还不成熟、纸质粗糙的年代里，每天都有难以计数的文学著作涌进图书馆。而这一历史悠久、规模不大的图书馆的实际功用就所剩无几了，只不过是被当作书籍存放的一个地方或是储藏室而已。在那个书籍稀少与价格昂贵的时代，只有很少人才有属于自己的图书馆。讲演者所具备的知识并不为世人所共享，而笔记仍需要耗时地手抄，然后相互传阅。在当时，掌握知识的一大乐趣就是自认为知道了别人不知道的秘密。某位资深的基督教主教说过，学习古希腊语有三大好处：其一，就是可让人们原汁原味地品读救世主所说的语言；其二，可以让你藐视一下那些看不懂原版书籍的人；其三，可以获得某种报酬。这一说法散发的芳香是多么的浓厚啊！第一个好处也许是有失偏颇的，第二个好处则非基督教的本义，第三个好处则是驱使所有专业人士不断锤炼自己的一个重要诱因。

其实，除了校长或是牧师之外，对于其他人而言，了解古希腊文并不具有同样明显的商业价值。在今天这个年代，知识在一个更加普遍的范围内传播，人们接受的门槛也变得更低。知识不再是一个秘密，看上去不再那么具有价值，在人们眼中反而是一个可怕的东西，而掌握知识的人不再那么受人尊敬或是推崇。相反，一位知识渊博之人被视为是无趣的。那些"老古董"的书籍只不过是一些图文并茂的畅销小说的陪衬。谁不认识那个荒唐透顶的老头，满头银发，头上顶着丝绒无边的草帽，一副道貌岸然的模样，坐在橡树底下的凳子上阅读着一本"古董"书。而到最后，就是这样的一个人被证实是一个内心装满秘密与恐怖邪念的恶棍。时至今天，没有人再去翻看这些"老古董"了，因为所有值得重印的书籍或是以往许多并不值得翻印的书籍，在重版之时，都会以一种适合读者阅读的语言去刊印，若不是用英语，至少也要用德语。

因此也就不难明白，为什么大学里面这些图书馆少人问津的原因了。这实在是一件很遗憾的事情，但又是没有办法的事。我希望图书馆能发挥更大的用处，因为这么富于价值的古籍，无论在任何年代，都是一笔宝贵与让人称道的遗产。这些古籍上的皮革在历经岁月的积淀之后散发出温情的芳香，这实在是一件很微妙的事。若是图书馆再不更新，那么今天的图书馆甚至不是一个适合工作的地方，因为每个人都有属于自己的书籍及阅读桌。这就引出了一个大难题，那就是如何处置那些“老书”呢？因为没人存心去毁坏它们。

对于图书馆来说，也许最好的出路不是购进新书，而是应以一个俱乐部的形式，将这些书在一个流动的图书馆流通，这样每隔一段时间就会有一些新书能放在书架上。但另一方面，在大学里，人们好像没什么时间去作一些通识阅读。随着人生岁月的不断推进，每个人的职责都变得越来越明确，都越发感叹自己生命的短暂，这实在也是一个大问题。因此，一个富有教养与心智开明的人又有什么职责要去通读呢？我个人偏向认为，当一个人年龄越大，所读的书就会变得越少。要想时刻跟上大量出版的文学书籍，这是不可能的事。有时，我们会发现，即便是紧跟自己特别感兴趣的一两门学科都显得缺少时间。我想，每个人都有义务去阅读一些著名人物的传记。这样，我们就可了解当代的脉搏，站在不同的角度来认识世界。新出版的小说、以新体裁写成的诗歌、新出版的游记，这些都是很难一一去精读的。在这里，我必须要坦诚一点，随着年岁的增长，要开始认真去阅读某本新出版的小说，让自己与书中陌生的情景相熟知，或是努力尝试把一群面孔新鲜的个性嵌入脑海之中，这是一件何其困难的事情啊！但我仍然偏爱一两个作家的小说。而对新体裁诗歌的阅读则需要付出更大的努力。至于游记，这些作品几乎都是以一种新闻纪实的方式来写成的，其中内容包括作者在路边餐馆就餐时的饭菜名单，还有他们与一些虽含蓄但没有修养之人对话的记录。他们在书中夹杂着许多图片，但图片所示的地方几乎都是千篇一律的，书中还有一些身穿奇形异状衣服的自鸣得意之人，穿着棉布在参加模仿游戏。读者们不禁会觉得这实在是肤浅与缺乏真实的。只需想象一下，一个外国新闻记者到某所大学参观，在某个食堂吃完午饭，然后就马不停蹄地赶去几间著名学府，钻进有轨电车，穿过大街，在足球场上走马观花，紧接着就采访该镇的议会议员，然后又采访副镇长——这样的一些报道于我们读者何益之有？作者看到了这个地方平凡的生活面貌、人们的兴趣爱好或是其建筑风格吗？而那些值得阅读的游记的作者，都会故意在某地住下来，与当地居民展开真实的交流，透过沿途表面的风景与建筑，探寻其中的秘密，再与读者分享。

我希望看到有更多质量上乘的文学作品面世，希望能有包罗万象、有品位的作品，还希望看到出现一些启人心智的专业人士，他们的职责就是负责阅读这些出版的书籍，让其专注于自己的本分，写下他们的评论，切忌跋扈地无端挑剔，而是要独立于书本之外；有自己的见解，向读者介绍该如何进行阅读，不是代替读者去阅读；而是要让读者免读一些表面看上去不错但实质内容却不值一提的书。一般而言，很多文学评论家不是囫囵吞枣式地对一本书作出评论，就是远远落后于此。因此，文学评论最重要的一点是，评论家在经过深思熟虑与谨慎思考之后，及时地向读者介绍如何去分辨这些书籍。

我想，当一个人年纪越来越大的时候，他就可名正言顺地少读点书。他可以偶尔重翻一下以往那些富于悠闲情趣的书籍，书中有许多他所熟知的人物，重新品味一下那历经久远年代的言论，玩味一下相似的情景。其实，一个人可能更容易冥想自己的人生经历，更喜欢独自出去溜达，品味自己人生的种种，淡然静观眼前发生的一切，看透世上的喧嚣繁华。当一个人年岁渐增，死亡日趋迫近之时，他之前应该积累下许多可以让他回味的东西。毕竟，阅读本身并非一种美德，而只是消遣时光的一种方式而已；而谈话则是另一种消遣方式，观察事物则又是另一种途径。培根说过，阅读可让人饱满。若是这样的话，我不禁觉得，许多人在不惑之年的时候就已经要饱满得溢出了。而在之后的岁月里，他们只能把多余的知识倒进原本负荷过重的花瓶之中，看着慢慢溢出的知识，在一旁无能为力地痛哭流涕。

当人的大脑日渐僵化与松散之时，我们需要明白一点：阅读的真谛到底是什么？我斗胆断言，这绝不是人们常说的所谓的追求知识。当然，如果某人是位专业教师或是专职作家，他们必须要为其本职去阅读，正如珊瑚虫必须要啖吃才能分泌出为其自身制造避难所的物质。但我要谈论的并非属于专业范畴，而是一种通识阅读。我认为，阅读约莫有三种动机——其一，就是人们纯粹为了自己的兴趣去阅读，正如人需要吃饭、睡觉、运动一样，其动机很简单，只是因为自己喜欢而已。这也许是解释对阅读痴迷的最好一个原因了。这也是消遣时间的一种不错方式。它让人在阅读中忘记自我，这是很棒的一种体验。当然，这其中不乏过度阅读的人，这些人就是我们常称为“书呆子”或是“啃书者”，正如某人成瘾于鸦片一样无法自拔。有一段时间，我经常去拜访一位老朋友，他在英国偏僻的乡村当一位普通的牧师，没有结婚，生活也算是充裕的。他并不乐于运动或是园艺，对于一般的社交活动也没多大的兴趣。他最大的兴趣就是跑到伦敦图书馆那里借书，也还经常到自己所在小镇的图书馆借书，而他自己也买了不少书籍。我常常在想，这个家伙每天大概至少花掉十个小时在阅读上。就我的观察，他看书的兴趣很广泛，几乎什么类型的书都爱看，旧书、新书一网打尽，无所遗漏。他有着超乎常人的记忆力，任何进入他脑海的事物都是过目成诵。所以，他几乎不需要对同一本书看两次。若是他住在大学校园里，他将成为一位很有用的人。若是某人想知道某本书在具体哪个书架上，只需让他脑筋一动就行了。他可以就许多领域列出一大堆的权威，但在他所在的乡村教区里，他却被人们彻底地抛弃了。他没什么演讲的才能，也是一位很糟糕的谈话对象。他的谈话主题总是围绕着别人最近是否阅读过某本现代小说；若是他发现你没有读过，马上就会以一种让人难以忍受的冗长方式，滔滔不绝地给你讲一下该书的情节轮廓。其实，别人也根本无从理解他所说的一切。在文学书籍方面，他好像也没有什么特别的偏好，而相对的喜好就是阅读那些新鲜出炉的书。在假日的时候，他心中唯一的想法就是到伦敦，从书商那里买上几本书。必须要坦白一点，上面所述的这个例子是很极端的。有时，我不禁会想，若是他只专注于去数一下自己读过书籍的字数，这也是善莫大焉。但不管怎样，他对阅读极感兴趣，并且乐此不疲，也算是一位知足常乐之人吧！

其二的动机就是为了寻求知识而去阅读的类型，这种动机就无须赘述了。这一种阅读的动机就是希望让自己有一个清晰的概念，让自己了解文学存在的美感，让自己通晓知识与思想嬗变及其发展趋势，了解从前的历史及那些曾经叱咤风云的伟大人物，从而不让自己受制于别人那些理论的吹嘘。这可让自己获得一个宽广且深远的视野，改正自己以往的一些偏见。大凡持这种动机去阅读的人们都会有这种感觉，那就是当他们对某一领域产生兴趣之后，就希望自己能够全然明白一些关乎心灵的奥妙。与此同时，他们也会想去了解其他思想领域。他可能对一个自己不是很熟悉的领域产生兴趣，盼望能聆听别人的观点；甚至希望自己在对某个领域全然不懂的情况下，问一些稍有深度的问题。这种类型的人，若是他们能够对一些提出模糊观点的人放下蔑视——这一常被那些对这些领域有明确且清晰观点的人所鄙视的行为——将让他成为一个很优秀的谈话者。他与别人的交谈就会既催人振奋又富有教益，与他的谈话仿佛开启了通往思想宝库的花园大门或是穿过一条知识走廊。而那些掌握零碎知识的人则更愿意待在舒适的家里，不愿外出。但最为重要的是，这类谈话一定要是自然且富有吸引力的，而不应是专业与学究式的。有些很少光顾大学的人常常会认为，那些专心埋头于学术研究的人都是让人望而生畏的，认为他们有精深的专业知识，觉得他们可能随时会对一些非专业人士的一知半解的观点给予不留情面的纠正。不可否认的是，在大学里的确还是存在这种类型的学者，正如在其他的一些领域里，同样会有严苛的专家。这些专家不齿于普通人那种肤浅与带有浪漫性质的观点。但就我个人的经历来说，在大学里，这种专家是很罕见的。我想，更为常见的是那些既有非凡学术成就，又有真诚的谦卑之心及宽怀的学者。对此一个很简单的解释就是，在大学里，一位博学的学者能看到学海的无涯与广博，又能很清楚自己在知识海洋中只不过是沧海一粟而已。

我个人憎恨的是那种迂腐的学究式的谈话。书籍上蕴涵的知识应能让人们在说话的时候谦恭有礼，稍微运用一些典故。人们在谈话中可以无意间谈到某一本书，但不应学究式地去作深入的讨论。让我感到欣慰的是，人们的谈话基本上都是文明、有礼节的。而这些谈话之所以不能普及的唯一原因是，在大学里，专业知识的需求是巨大的，即便是很广博与细致的学者也没有时间随心所欲地去进行通识阅读。

接下来，我想谈谈第三种动机。因为我想不到更好的字眼表达，就暂且将其称为出于伦理道德的动机而读书。乍听上去，好像我是建议大家都去读一些高雅或是励志类型的书籍，但这绝非我的本意。我对此有一个强烈的信念，并且认为我说的出于伦理道德的动机，就是阅读的唯一的最高境界。思忖如何用更好的字眼来阐述这种微妙却又很隐约的思想，着实让我绞尽脑汁。但我笃信这一点：在我们人生朝圣之旅中，一种美丽的神秘在我的心间不断聚集且繁衍。我明白许多人为什么会觉得这个世界是沉闷无聊的——事实上，我们每个人也许都会有如此这般的感慨——一些人认为活于斯世是很有趣的，有些认为是很惊奇的，而有些则认为生活全然是其乐无穷的。在我看来，那些认为生活全然是其乐无穷之人，通常都是性格坚强、富于粗犷本色及健康自然天性的人。这些人觉得成功是值得憧憬的，而入口的食物则是易于消化的；他们不会因为别人而把自己弄得焦头烂额，而是达观自信地走自己的路。他们对痛苦或是悲伤之事可以闭眼不见，想方设法从物质的享受中获得最大的乐趣。

怀着谦卑的心，我可以坦诚地说，这样的人生是属于最可悲的失败人生。只有在挪亚时代[①]的人们才会过着这种生活！在这样的生活里，无法结出任何富于智慧、实用或是美好的结晶。在他们撒手人寰的时候，除了他们有生之年吃下了不少食物之外，什么也没留下，这就好比钻在奶酪里

① 挪亚时代（即The era of Noah），指在《圣经》中上帝创世纪的初期。

的壁虱，最后只留下一大堆腐烂的分解物。

至于人生为什么是交织着痛苦与悲哀，我也许讲不清楚。但在潜意识里，我会这样想，也许人生本应就是这个模样的。在我看来，所有如颜色艳丽与散发芳香的花朵般的性格或思想，都是饱浸艰辛的泪水后绽放的。而让世人最为感伤的一大神秘所在就是死亡。它让我们不再存在于这个尘世，让我们所有的希望与梦想灰飞烟灭，割断我们与至亲的纽带。当我们越发趋近这个终点的时候，心中就会顿生一股庄穆与敬畏之感。

我绝非是说，我们应去自寻悲伤。但换个角度来看，幸福本身就是连带着某些灰暗面的，那些把灰暗面都算进去的幸福才是真正值得我们去找寻的幸福。我们应该直面它们，在它们那黯淡的眸子、僵硬的嘴唇里读懂其深藏的奥妙，与它们同在，直到在它们身边旁若无事，内心安详平静。

这是任何富有思想之人都希冀与盼望的一种情怀。在这种情怀下，阅读不再成为寻求知识或是感官愉悦的行为，而是越发成为探求智慧、真理与情感之途。现在，我越发觉得，自己的周围存在许多深不可测的奥秘、大自然的种种现象。科学的发现、探索——在电学、化学反应、病因、遗传影响等方面——不应在人们的视线上拉下一层帷幕，让问题的本质看上去更为复杂朦胧，古怪隐约。所有这些都应为我们的生活与健康服务。所有难解与不可思议的疑问都是上帝的旨意与大自然的原动力。

但细细思忖，仍有很多诸如此类让人震惊的事情——譬如人与人之间亲密的现象、人类的情感、心理或是精神层面上的一些概念，比如对美感、爱慕以及正义等心理情感的研究，看上去这些才是我们应该更为关注的。对人类而言，还有许多无从探求的诸多规律有待研究，这对我们人类自身幸福的关系更为重要。几个世纪已然流逝，但在这些方面的研究似乎仍没有起步。

在面对人生的悲伤、希望、诱惑抑或是苦难从四面八方袭来的时候，带着这种情怀，阅读俨然成为追索人类情感与感情的一条耐心之路。人们想知道诸如纯真、睿智以及高尚的天性对于这个问题有何影响。人们想让美感——这一所有感官愉悦中最具神性的感觉——沉潜于心灵之中。人们想与别人分享自己的思想与希望、憧憬与愿望。在人类精神的伟力引导下，定能挣脱苦痛与死亡的阴翳。

因此，我要说，怀着这种情怀去阅读，你将不再孜孜于寻求具体的某个知识点或是某一明确目标，而是为了让自己的精神获得充足的营养与慰藉。于是思想进入了某个领域，在那里，想象比知识更为重要，模糊的期盼比具体的明确更为重要，希望比满足更为重要。随着此路行进的精神必能了解此种幸福的秘密所在。因为，我们所追求的是简朴与勇气，真诚与善意。我们对物质的欲望或是自己心中卑微的欲念都会越发反感，心中越发希望获得平静与沉思。在这种情感之下，智慧之语如甜蜜的钟声在灵魂深处响起，诗人的梦想好像在某个神迷渺远的森林里安躺，而歌声则在夜幕降临之时传出，飘飘洒洒，传到耳畔。无人知晓是什么乐器在弹奏，谁在轻拨琴弦，谁在轻启朱唇。但我知道，这其中必定是夹杂着悲伤或是高尚之事，让其能够将梦境化为一曲甘怡的谐音。这种情怀不会在生活、苦累之时、友好交往或是深深爱慕中遁逃，而是让我能怀着一种全新与雀跃的激情重返人生的舞台，怀揣着辨明美好事物的真正内涵与思想，带着客观的心绪，无畏的希望以及明智的人生蓝图。这种情怀让我们更加宽以待人；在顽固执拗或是成见面前，耐心静候；让我们趋向行为正直、语言坦诚、举止优雅、怜悯弱者、温暖孤寂之人，对一切高尚、沉着及热情深怀敬意。

怀着这种情怀去阅读的人，就会越发趋于去阅读一些主题深远、凝结智慧及美感的书籍，在看似老生常谈的思想中榨出新的思想与精髓。他们会更加注重书中所涵养的温馨与高贵的情感，而不是文字的故意雕琢或是字词的苦心孤诣。他们会越来越注重那些直抵灵魂的书籍，而非那些刺激感官与心情的书籍。他们会明白，书籍正是凭借其蕴涵的智慧、力量及高尚，才让它们在人类心灵深处扎下根，而不是靠那些灵巧短句或是让人眼花缭乱的多彩颜色。这样一颗充实的心灵也许对某些事情了解不深，也不会用什么似是而非的悖论或是诙谐之语来妆饰自己，但却是充满同情、希望、温柔以及欢乐。

不经意间，我的思绪将我带离大学图书馆很远了。在这里，旧书带着的哀伤仍在书架上散落着，就好像年老的狗在空空的大街上闲荡，不明白为什么没人愿意带它到处遛遛。这些浸满了原著者辛勤汗水的巨著，在缓慢流淌的时光中静静期盼着。但我敢肯定一点，阅读这些书籍会给人带来许多乐趣。老一辈的学者曾清醒地从书架取下这些书，然后心情愉悦地坐下来静读。听着墙上挂着的银铃在丁当作响，亲切地报着时间，也许他会不知不觉地忘记了时间。这些古书的性情都是极为温驯的，是一位难得的伴侣。日子一天一天地流逝，阳光环照了整个庭院。些许阳光还偷偷钻进了一间人迹罕至的房间。快乐的生活就这样拖着轻快的脚步缓缓旋走，心中常怀年少时的激荡。也许，古书为我们所做的最好的一件事，就是让我们心中装着惆怅而又温柔的思绪对过往进行一次深情的回眸——这对那些在被世人遗忘的时光中奋笔疾书写就这些书籍的著者们也算是某种慰藉吧！直到他们那困倦与干瘪的手缓缓放下那支熟悉的笔，然后任由书稿在静默无声的岁月中化为灰烬。

大学之窗

From a College Window

第四章 论“社交”

当我离开之后，不禁悲伤地沉思起来：人们这样违背自己的本性，做如此违心的行为，然后冠冕堂皇地称之为“快乐”。事实上，许多人把人群的攒动、拥簇或是现身看作是一种很有趣的刺激。我想，可能每个人对此有着不同的看法。有些人看到一大群人在某个场地，自己就有很强烈的要参与的冲动；而与此同时，有些人则恨不能长出一双翅膀，飞到九霄云外。我是属于后一种人。

我有一位老朋友，他是个出类拔萃、与众不同的人，有着强烈的个性，有自己适合的生活及兴趣爱好。他不是恩菲尔德（Enfield）所说的那种“随大流”的人，总是做着别人认为适合的事情。在没有什么活动之时，他仍能获得许多欢乐。首先，他是一位享有盛名的博学之人，但从不炫耀自己的成就。他只是很淡然地看着这些，好像一位饥肠辘辘之人，坐下来享受一顿饕餮大餐。在我所认识的人中，他是性情最为悠闲的，而他的作品的产量也是惊人的。他的桌面上总是被许多书籍及文章覆盖着。若是他偶然间发现某一本自己感兴趣的书，就会坐在一个角落里静静地阅读。若是没有，他就会在众多书籍中苦苦寻觅，在不为人知的角落里默默工作，手中总是拿着厚厚一沓书本。他是平易近人、乐于助人的，就像铺撒范围很广的网，不管害羞的小鸟是否上钩。在茗茶、烟草与睿智之人谈话的诱惑下，许多大学生还是成群地选择去拜访他。他是一位极富幽默的人，更为难得的一点是，对于别人的幽默，他也总是颇有欣赏之意。他随心而笑，而非强作欢颜。但他从不回信。他的信纸通常散落得不知踪影，那笔杆也已生锈，墨水瓶中的墨水也已凝固了许久。但他却总是乐于回答别人的问题，以一种超乎常人的耐心及理解来倾听，然后坦诚地给予对方富于建设性的回答，帮助别人改正错误；但与此同时，他也意识到自己的观点只不过是千万人中的一个而已。譬如，若是一个人坚持说“诺曼底征服”这一历史事件是发生在公元前1066年，那么他就会说有些历史学家认为这是大约发生在两千多年前的。毕竟，我们都很难在类似的事情上说出一个很精确的时间。但是人们不会觉得他是在敷衍或是态度骄横。

为了下文阐述的方便，在下文中，我将称呼这位朋友为“佩里”。当然，这并非是他的真名。在讲完了我的引言之后，下面要谈到正文了。

某个晚上，我与一位美丽且很有成就的女士共进晚餐，她名叫埃杰里亚。与她交谈总是一件很愉悦的事情。在我们俩的谈话中，无意中谈到了佩里。她以很有礼貌的态度说：“佩里这人什么都好，只是有一个缺点，就是他很讨厌女人。”我当时就说，这可能是佩里这人比较腼腆而已。但她却以很肯定的语气说，他并非是出于腼腆，而是在这方面很懒惰。

谨慎与小心让我当时没有反对她的说法。直到现在，我也在试着想一些支持这位女士的论据。我想到了她曾说过的，每个人都应承担一定的社会责任，人们没有选择或是挑选的权利，不能只与那些与自己趣味相投的人交往，而千方百计地躲避那些“话不投机”的人。埃杰里亚认为这对那些没趣的人很不公平。问题的关键在于，这其中包含着一种责任的成分，需要那些具有美德之人作出某种牺牲。

在这件事上，埃杰里亚是不需被人诟病的。在很多原本无趣的聚会上，她为众人带来了许多欢乐与笑声。她忠于自己的原则，尽管我并不同意她在这个方面上所持的观点。

首先，我并不认为社交是每个人都应承担的一份责任。持这样看法的人是大错特错的。我认为，一个人在缺乏社交活动的时候，的确是会失去一些东西。为了他自身的快乐与幸福，他最好还是要努力去结交朋友。因为在长期的孤单之时，很多古怪乖戾的脾性或是病态的心理都是容易滋生的。就是单纯站在医学的角度来看，一个腼腆之人也是很有必要建立交往的圈子，正如一个人偶尔也要洗个冷水浴一样。即使他的出现并不能给别人带来任何愉悦，但对于一个腼腆的人而言，一想到自己能从社交所带来的欢乐中有所收获，这本身就是一件让人无比激动与催人振奋的事。他会觉得仿佛从一次大冒险中全身而退所获得的那种快感。但要说佩里不善于社交，这纯属子虚乌有。他的家门时刻敞开着，总是很真诚地欢迎任何来访之人。其实，很重要的一点认识误区是，人们认为自己去参加聚会就一定要给别人带来欢乐或是施加某种影响的这种思维定式，本身就是一种很危险的自我陶醉的思维。毕竟，社交是应该充满娱乐与欢笑的，每个人都应本着愉悦的动机去参与，而不是要怀着一种正直或是公平的意识。

我自己的想法是，每个人都有选择自己交往圈子的权利。若是某个受人欢迎或是喜欢的人来到某个场合，就好像在自己家门口放块纸板，让他时刻记住要履行自己的责任，那就是四处逛一下，直到每个人都玩得很开心才罢休一样，让自己战战兢兢地像一只笨熊在茶杯上走着，很是可笑。人们这样的想法真是让人毛骨悚然。这张纸板应该是友善类型的，用来招待那些独居的陌生者，给他们一个前来参与的机会。若他们愿意，看一下这样做的效果，或是将之作为正式邀请的一个前奏。这块纸板应该作为一张正式邀请的门票，人们有参与或是讨厌的自由，而绝不能成为一个强制性的要求。那些对别人的回访应是发自真心的赞美或是尊敬，而非一种必须履行的强制性责任。

我经常听到不少正派的女士抱怨茶会的无聊沉闷，听她们的口气，好像她们是这种责任感的“殉道者”或是“受害者”。若是这些女士把去探访伤者、病者作为一种义务，作为基督之爱一种普照的形式，不管她们愿意与否，即便这只是出于某种责任感，我都会对她们抱有崇高与深切的敬意。但我并没有看到那些时常抱怨自己承担的社会责任的人以及那些不辞劳苦履行职责的人去做这些事情。他们抱怨并非由于这些社交责任阻碍了他们去施行基督善行，而是另有所图。一般而言，那些出自某种责任感而去参加社交活动，又觉得这是很无聊的人，几乎都是一些自己对人生没有什么追求的庸碌之徒。

在大学校园的这方净土里，要是还让这种所谓的“社会责任”继续占据强势，或是对其采取正式的态度，那就说不过去了。因为在校园这个地方，没什么达官贵人，我自己的工作与许多教工的都是一样的。每天的生活秩序都是由早餐开始，再到午餐，接着就是下午茶，最后就是晚餐了。那些不爱活动的人经常要做许多脑力活，他们就会觉得，在下午时分到户外锻炼一两个小时，呼吸点新鲜空气，这简直就是生存所必需的。诚然，对于一个专注于自己工作，并将之视为第一要务的人，往往会觉得在一个下午两三点这样美好的时分，没有什么比待在屋子来回踱步，不时掏出自己的名片，展开敷衍的对话，只是坐在舒服椅子的小小一角，就一些鸡毛蒜皮的小事争论这样的行为更让人沮丧或是显得不合时宜的了。当然，也会有一些人乐于此道，觉得这是一种获得休闲与愉快的方式之一。但他们这种取乐的方式并不一定适合那些认真严肃之人的口味。在大学里，真正有益的社交聚会就要属非正式的晚会沙龙，如果有人不请自来，不论他是否穿上晚装都无所谓，晚上的九点至十点这个时段，在一间宽敞的房间里展开。这的确是一个可行的办法，但类似的尝试却是少之又少。

更为甚者，对所有在社交中产生的愉悦构成致命一击的是，这些社交参与者就像预言里的那些肢体残废或是眼力不好使的家伙，被毫无根据地驱赶进来。我陪同过一位享有威望的内阁部长去参加一个宴会。他的这种思绪就立即表现出来了。对于自己不得不参加这样的宴会，他感到很是无奈与沮丧。当我鼓起勇气问他，是什么动机驱使的时候，他以一种难以言喻的某种自我牺牲语气说：“我想，有时候每个人都需要为自身给别人造成的苦难而遭受折磨。”大家可以想象一下，一大帮有着如此思想的人聚在一起的情景。看上去，所有人都具有度过一个美好聚会的物质条件，但事实却是刚好相反。

最近，一个朋友带我到乡村参加一个花园聚会。我必须要承认，自己从没想象过还有比这更让人感到窒息的地方了，个人快乐在这里消失得无影无踪。那天天气酷热，男女主人正忙于做所谓的“迎宾”工作。一大群脸色苍白与汗流浃背的人在缓慢地走着。有些人面带苦涩，有的则强装着一副笑脸，但其表情无疑将其彻底出卖。“看到这么多的朋友赏脸，真是感到高兴啊！让寒舍蓬荜生辉啊！”现在，类似的违心话语在社会上大行其道。我走进了一间房间，人们在心中勉为其难地接受着一种所谓的“清新感”。接着，我走到了一片空旷的地方。花园里真的是拥挤不堪，正如罗塞蒂曾说过的“一群人在如蜜蜂般嗡嗡作响”。人们就是这样地谈论着。太阳烤晒着大地，汗水沾满了我的额际，直叫我目眩眼花。我在人群中来回穿梭，而对话却总是那么俗套与没有新意，直到我真的感到自己有点撑不住要晕倒了（尽管我的身体一向都还不错）。但在这个“热浪与声浪”构筑的迷宫里，我的人生好像在时刻旋转着，正如《为死者祈祷》中的女主人公的生活。我不惴冒昧地认为，在我的思想中，这些情景只会在地狱中，或是在熊熊烈火煅烧下的泥灰中才会出现。正如弥尔顿所说：“在离开的时候，我觉得脑晕目眩，整个人变得神经质且疲惫不堪。”这都是在这个炎热与窒息的地方长久站立的后果。在这个聚会里，我没有听到一句让我为之开怀或是抿嘴一笑的话，没有一句！其实，我是很想悠闲地与在场的许多人士进行对话的。但当时我就只有想到亨利王子对波因茨（Poins）所说过的一句话：“奈德（Ned），求求你了，快离开这个拥挤不堪的房间吧，向我伸出你的双手，笑一下。”当我离开之后，不禁悲伤地沉思起来：人们这样违背自己的本性，做如此违心的行为，然后冠冕堂皇地称之为“快乐”。事实上，许多人把人群的攒动、拥簇或是现身看作是一种很有趣的刺激。我想，可能每个人对此有着不同的看法。有些人看到一大群人在某个场地，自己就有很强烈的要参与的冲动；而与此同时，有些人则恨不能长出一双翅膀，飞到九霄云外。我是属于后一种人。我绝不承认，自己有必要把抵抗这种将在社交场所取悦别人是责任的想法视为与摆脱邪恶的引诱一样。实际上，那些乐于社交的人或是一些精通社交礼仪之人，他们会要求一些人出席某些庆典，或是以相同的方式来表现出他们自己的某种才能。只有这样才能满足他们骨子里流淌的虚荣的血液。至于那些不得不出席这些典礼的人内心是否愿意，则不在他们所考虑的范围之内。这些“受害者”唯一的出路就是要坚决反抗。只要我们是把出席社交场所或是宗教活动看成某一种强制性的责任，那些所谓“善于”交际的人就会在你们为其形成的“背景”中得到其畸形的乐趣。我想，每个人都有义务去抵抗这些社会或是宗教上的错误，并对一些恼人的理论作出反抗。

我以为，那些成瘾的谈话者抑或演讲者通常需要别人默默地或是怀着敬意去听他们的“布道”，不允许听众打断。我的一些朋友曾深受这些人之苦。于是，他们决定在一个小的范围内进行讨论。但我要说，即便是在他们中间，也有些人在晚餐聚会的桌上纯属滥竽充数，呆若木鸡地坐着，活像一个只会呼吸的生物而已。站在人类慈悲的角度来看，我认为，我们不能心不甘、情不愿地牺牲自己去让别人获得幸福，这是毫无意义的。为了迎合那些乐于此道之人所发明或是宣扬的社会准则，而去参加不能让自己感到快乐或是从别人那里得到真正的愉悦的社交场合，我是坚决反对的。

我仍然清楚地记得，某位大学生在回想起往事时所说的话给我带来的震撼，这是从一位著名学者的回忆录引述的。这位学者喜欢邀请年轻人分享他的经验，但这却是作为一种试验的目的来开展的。但这位大学生是这样描述这位想让自己自得其乐的学者的。具体的字眼我现在已无法一一叙述，大约是这样的：“他让我坐下，于是我就坐下；他让我吃一个苹果，我就吃了；他要我自己倒酒，然后喝下去，我也照做了。他告诉我说，他试着让我说些话，这样，他就可以判断我是属于哪一种人。但我不想让他知道我是属于哪类人。于是，我就闭口不语，接着就离开了。”我想，这位学生的反应对这位抱着实验态度而想获得乐趣的学者而言，是一种绝佳的报复。社交必须要在各方平等的基础上才能进行，而将一种责任或是强制性义务与之联系起来则是让人反感的。其实，这些都是那些贪恋于社交之人为了自己的利益而想出来的，对于真正意义上的社交聚会则毫无裨益。

从上面的探讨中，许多人可能会有这样的想法，即我可能是一个不爱交际、性格孤僻的人。但事实并非如此。在适合的时间、地点，我是一位非常健谈与合群的人；而在每一天的大部分时间里，我都想独自一人。就我个人而言，完美的一天应是这样的：自己一人啃着早餐，独自过上一个上午。中午时分，邀一两位同伴共进午餐，之后再稍作运动。接下来又是一段独自一人享受的时光，若是有可能，我愿意与三两个知心好友共同度过。但随着人生的流逝，我越发觉得，与别人在一起是件让人烦心的事情，而两人的私语则是让人开怀的。社交所能带来的唯一乐趣就是让我知道别人的思想或是情感，到底什么让他们发笑、什么让他们高兴、什么让他们震惊；他们喜欢什么，憎恨什么；他们宽容或是谴责的对象。晚餐聚会是让人精神为之一振的，主要原因是两个人可以展示自己最好的一面。很少的英国人有能在众人场合展现自然、真诚的谈论的艺术习惯。当某人碰巧具备这种天赋，这就好比一个人有一副上帝赐予的嗓音或是滔滔不绝的雄辩之术。另一方面，我可以坦白地说，大部分英国人都善于飞短流长，在与别人没有共同的兴趣或爱好之时，我是难于与别人深交的。

但说了这么多，人们在社交场合能否真正获得愉悦，这才是整件事的核心所在。我又重回到刚开始的论点——那就是让每个人去发现或是创造他们所喜欢的社交类型，只有在以此为基础的社交活动里，才会有真诚的社交活动的出现，这也是让每个人都尽自己最大努力去投身社交活动的唯一诱因了。若是人们喜欢在酒店、俱乐部、休息室、晚餐聚会、户外、板球场或是高尔夫球场等场所开展社交活动，在真诚的理念及一些常识的指引下，人们是可以获得自我愉悦的。而那些手中挥舞着“社交是责任”锋利之剑的人，喜欢让别人参加违心的社交，并从中获取乐趣，在我看来，这是荒唐与不公平的。

在上文所举的佩里的例子，由于他给不少场合带去了欢乐，而让人们觉得事情显得有点复杂，我必须要承认这点。佩里是一位让人尊敬的倾听者及富于同情心的讲演者。但若是埃杰里亚能以自己的智慧或是口才感染他，那就让她静静地说服他吧！让佩里明白，参加社交活动的确是一个责任。埃杰里亚不能在公开场合就这些观点的分歧而责备佩里，若她认为女学者的生活都比较单调无趣，而他则应该如当年骑士所具有的优雅风度去照耀她们那昏冥的地平线。这样，说不定佩里就无法抵挡埃杰里亚这样的说辞了。但是，气概是我们必须怀着谦卑心态大度地承认的东西，而绝非小家子气地宣传自己具有的。我并不想让佩里牵涉其中，他找到了适合自己的位置。在那些热情高涨的学生心中，他就是一颗北斗星。在许多原本会平淡无奇的聚会上，他带来了无尽的欢乐。我衷心希望，那些繁缛的生活礼仪能让埃杰里亚飘到书房，在烟雾缭绕之中，伴着佩里音质沙哑的钢琴曲奏出的乐音唱起歌来，她仍可随性与别人交流。但既然埃杰里亚不能说服佩里，而佩里亦是如此，那么，他们就必须遥寄对各自的尊敬，并做好自己的本分。

正如史蒂文森[①]曾睿智地说过，那些简朴、真诚及善良的人中，他们的圈子是随时向别人敞开的。那些不能获得真正朋友或是同伴的人都是一些急于想要获得别人关注的人。而最大错误在于将人生中本该是难得的欢乐——比如社交或是与人交流看成人生的某种责任，然后将其编纂成不容修改的法典，使其正统化。就我自己而言，我衷心希望自己能有佩里的能

① 史蒂文森（全名Robert Louis Balfour Stevenson，罗伯特·L.B.史蒂文森，1850—1894年），苏格兰著名小说家、诗人、散文家。被许多作家所推崇。

力，盼望有更多的年轻人能过来与我展开轻松愉快的交谈。实际上，我也有几个知心朋友，但除了接到明确的邀请之外，他们也是很少过来拜访的。若是他们不想来，我也绝不会勉强。因为，我觉得这样对他们是毫无乐趣可言的。与所有人一样，对于自己所说的话，我是小心谨慎的，也希望能给别人带来一些欢乐。让我时常感到伤心的是，只有很少人愿意去拜访那些有真才实学的人。但不可否认的是，我的才学不被他们所看重。我必须让自己安于此等的自我安慰。我绝不会徒劳地买些名牌雪茄烟，抑或是在我靠墙的桌子上摆上最好的苏格兰威士忌，以求换得一些世俗味太重的人与我进行对话。

我有一位很幽默的朋友，在这里暂且叫他为蒂普顿。他是友校的一位官员。他跟我说过，在星期六晚上，他曾为大学生举行招待会。蒂普顿是一位模范的“主人”，充满着活力，深谙待客之道，而大家都想参加他举办的聚会。但他却并不看重这些“成功”。我曾问他在这方面有什么诀窍的时候，他淡淡地说：“是的，有些人是来了，其中有一两个人是因为他们喜欢我；有些人出现则是因为他们认为会有名人出现，希望能解决自己的一些事情；有些人则是因为他们与老师的关系不错，或是当他们想找机会加入某个团体的时候。但最低级的动机，你知道是什么吗？”他接着说，“就是在某个夏日晚上举行聚会的时候，我从某人口中听到的。当时，窗户全都敞开着，我刚准备去迎接客人。我的一位好朋友暗地里问一位不知名的青年：‘你觉得蒂普顿举办的聚会怎样？’青年则回答说：‘嗯，在每个学期里，每个学生至少要过去凑一次热闹，让我们现在就出发，去完成这个指标吧。’”

大学之窗
From a College Window

第五章 论“交谈”

与一些趣味相投、正直且富于同情感的人或是一些既有批判眼光又有欣赏眼光的人在私下场合展开对话，若是对方的观点与自己有足够的差异，这其实更可全面地看待某个问题，把自己之前忽视或是看不到的东西在心灵之中显露——这样的交谈是高级的智慧享受，犹如在休闲之时，慢慢啜饮一杯香茗。

在使用英语的人之中，我希望能有更多关于如何更好进行谈话的研究。真正融洽的谈话是世界上所能获得的最大乐趣之一。但真能感受到这种乐趣的人却只是凤毛麟角。在我认识的一些人中，他们偶尔还能有良好的“谈话”表现，但他们缺少的是一种主动意识以及一个深思熟虑的过程。若是人们能以更加认真的态度去看待“谈话”，他们将从中受益匪浅。当然，但愿不会出现人们强装着认真谈话的样子，这只会导致最无聊、枯燥的情感生发。史蒂文森说过，人有一个如绵羊的大脑，类似爆炒之后鳕鱼的眼珠。但我想说，一个人若是能更加投入到某种乐趣之中，这种乐趣是会不断增强的。我希望人们可以把同样认真的态度提到人与人之间的“谈话”上来，恰如他们对待高尔夫及桥牌的那股认真劲儿上，他们希望提高自己的玩家水平、减少失误，做得更好，但为什么那么多人都不愿意稍下一点功夫去改进他们的谈话水平，并且认为这样做就是自负与缺乏男子气概的表现呢？而他们却理直气壮地认为提高自己的射术则全然是男人气概的生动体现。无可否认，在这一过程中，人们必须要有一种发自内心的热情与兴趣。否则，这都将是徒劳无益的。当我们 想到一位老式谈话者或是幽默者，他们对自己残存的记忆中一些话题进行发挥，可以从一本普通的书论述到一些风马牛不相及的趣闻逸事或是笑话；然后笑嘻嘻地说，在短期内，他们是不会重复相同的话语，重复那已被滥用的警句，然后将这些记忆塞进一扇门里，永远尘封；当他们衣冠楚楚地出席晚宴，在没有任何预兆的情况下，突然迸发、口无遮拦地高谈阔论，这是一幅多么可怖的景象啊！因此，你不得不承认，事先自己站对位置是很重要的。在谈话的时候，自然之感是不可缺少的元素。绞尽脑汁去编造一些故事，这只会将谈话间那不经意的魅力抹杀掉。我曾经遇到两位趣味相投的著名谈话者，但他们的交谈也只不过是在交换着一些奇闻逸事而已，空无他物。有一个关于麦考利及一些所谓健谈之人与人谈话的故事，若是我没有记错的话，他们是在与兰斯学爵士进行争辩。在他们吃早餐的时候，就已经争得不可开交。之后，他们把椅子移到火炉旁，其他人则形成一个圆圈，围坐在四周，然后毕恭毕敬地聆听着他们的谈话。这样的情景直到午餐时分，这是多么让人惊骇的场景啊！曾有人对卡莱尔[①]的遭遇表示过深切的同情。当他被邀请参与一个晚餐聚会，碰见了一位健谈者。这位健谈者的话滔滔不绝，犹如决堤的江水，他将一大堆笑话、趣闻全都抖出来，直到晚餐时间结束了许久才罢休。这真是让人感到煎熬的时间。卡莱尔放下手中的刀叉，抬头茫然四顾，一副犹如耶稣基督被钉在十字架上的经典表情。然后，他那极其无奈的表情好像在恳求着：看在上帝的份儿上，求你把我带离个地方吧！让我独自一人在房间里待一下吧，给我一口烟来抽吧！他在那个场景的所感所想，我是能感同身受的。此时此刻，他是多么盼望能得到静谧、沉思与反思的机会与时间！诚然，他在另一个场合曾引用过柯勒律治[②]的名言警句：安然静坐着，然后被人将你像气球那样充满膨胀。这肯定不会是一个舒适的过程。平心而论，这样类似的谈话者现在基本上绝迹了，虽然在很多谈话中，仍能听到一大堆的奇闻轶

① 卡莱尔（Thomas Carlyle，1795—1881年），维多利亚时期苏格兰著名的讽刺作家、散文家、历史学家。

② 塞缪尔·泰勒·柯勒律治（Samuel Taylor Coleridge，1772—1834年），英国诗人与评论家，英国浪漫主义文学奠基人。

剑桥大学莫德林学院

唐宁学院礼拜堂内的天窗

失望本身往往是催发你再次尝试的动力。我渐渐认识到自己的缺点，但并不纠缠于此。我明白了希望的曙光比悲伤的痛楚更加不可征服。

科帕斯克里斯蒂学院礼拜堂

有时，我们只能远远看到朦胧模糊的城市轮廓和珍珠般的城门，但终有一天我们会发现通往那座城市的大道，然后从容地走进去。在那里，我们就可享受快乐与幸福了。但即便我们不是栖息于此，我们依然会快乐无比的，因为我们知道，无论徘徊多远，我们都有那个炉火熊熊的壁炉和一张张的笑脸。

克莱尔学堂礼拜堂之窗

克莱尔学院大礼堂

基督学院学院礼堂

但我笃信这一点：在我们人生朝圣之旅中，一种美丽的神秘在我的心间不断聚集且繁衍。一位信仰者真正所要关心的应是自身对生命的态度以及他与周围人的关系。在其中，他可以找到自己。

科帕斯克里斯蒂学院　帕克图书馆一角

基督学院

教堂东窗，上面的基督耶稣保佑着学院

这里的生活让世人明白：生活中对美好的奖赏并非只属于那些智力上乘者，同时属于那些怀着谦卑之心、向别人伸出援助之手的人，那些既能慷慨陈词又能屏神静听别人的观点的人。这里的生活让世人发现，原来世上还有一个温柔的、略带惆怅的、可以令细微的情感漫溢出来的地方；这里还有柔软与舒适的印记，所有这一切都能和谐共处。

事。这些人有时由于别人的中途参与，才很不情愿地止住那滔滔言论。而就在他们闭口不语的时候，在内心中又在盘想着下一个可供谈论的奇闻。

在我看来，这些健谈者十分古怪的地方在于，他们对自己所说的话缺乏一种适可而止的分寸感，这大概是缘于他们喜欢这种说话的方式吧。但我感到惊奇的一点是，他们一点也不会觉得别人对自己有什么不满之情。若是站在公平竞争的角度来看，他们本应给别人阐述自己观点的机会。而他们的所为，就好比一位挑剔的美食家在饱餐一顿佳肴之后，其满足感要想达到顶峰，就必须要事先没有人提前分享到那些食物一样。

正如上文所说的，在社交聚会的场合中，亟须的是谈话的调度者、一位非正式的仲裁者，但前提是要有一个话题的指引。而最佳的调度者应该是一位上知天文、下知地理、兴趣广泛的人。他应能发起某个话题的讨论，然后去感受别人的观点，或至少以一种巧妙的方式对别人的观点表现出某种认可。他应该要主动地提出一些问题，或是回答一些问题，鼓励人们说出自己的观点。但他不应远离自己的根本职责，而是要紧紧沿着对话的延伸的脉络。若他的目标只是想获得作为一名健谈者的名誉，通过这种方式，他可以获得更崇高的威望。在一场气氛热烈的探讨之后，如果一个人记住的只是自己对这场谈话本身所作出的贡献，而不是别人到底说了些什么，那这无疑是让人感到可悲的。若你送客的时候，感觉自己客人的谈话真好，那么他们也会怀着这种真诚的情感，将谈话的价值传播到其他的参与者。在这个问题上，我的一位简朴与心智纯粹的朋友曾一语道破。在我房子里举行了一场气氛热烈的研讨会之后，他向我说，昨天，他与我们度过了一个很美妙的晚上。当时，我觉得自己谈话时，真的很有“状态”啊！

我最讨厌两种谈话者，其一就是那些喜用似是而非的所谓悖语的人。不可否认，在有些情况下，少许的悖语还是不错的选择，这可让人们心头为之一震，引发一些深层次的思考。但若是一大串这样的悖语，那人们就会吃不消了。这些悖语只会在人们心中竖起一道认知的篱笆。听者们急于想知道那些人到底想要表达的真正意思，一场融洽的谈话的一半魅力就在于可让听者“一览无余”，然后，再慢慢地渗入别人的思想之中。若某位谈话者只是按着自己主观臆想天马行空地说些东西，不时说些与主题毫无关系的内容，偶尔还抖出一下耸人听闻的八卦，这只会徒增听者的厌烦之情。谈话的最高境界，犹如林中的空气无声无息地渗入，仿佛阿尔卑斯山脉的森林的某条小径，正是沿着小径，才将山上的木材运送到山麓之下。人们可以看到漫无边际的绿色呈现在视野之中，所有的一切都沐浴在金光闪闪的阳光之下。山顶则显得那么黝黑。所以，在这种最舒畅的谈话中，人们会油然而生出高尚、温暖、甜蜜之情，那是一种庄重以及质朴的存在。

另一种让我深感厌恶的一种谈话者是就是那种全然不顾他人感受以自我为中心主义者。在谈话中，他们毫不考虑听者的感受，而是滔滔不绝地将自己心中的话全盘托出。但总是有人以这种方式为乐。正如我上文所说的，融洽的谈话的核心在于能引起人们的深思或是渗入人的心灵之中，而不是强迫别人对你的注视。我认识一个朋友，他的谈话恰似打开了一扇通往他心灵之处的“地沟门”。你会看到一些肮脏不堪的东西在地下水道里流动，那是污垢与碎片的沉积，很少能看到清澈的东西。但是，听者却没有逃离的通道，你只能呆呆地站着，静静地目睹着这一切。谈话者心灵的气味在飘扬着，直到他本人愿意关闭这扇门。

其实，许多内心真诚或是富有耐心的谈话者，都会犯下这样一个错误，即他们会认为，只要自己对某件事沉迷，这就应该是很有趣的。在很多事情上的确如此。但有时，须要明白一个道理：过犹不及。那些惯于滔滔不绝的人应该要注意到自己的谈话是否过于冗长。他们需要了解一点：当你还在不断地尝试就每个问题作没完没了的说明时，听者早已感到无比厌倦与无奈。因为听者根本没有一个插话的机会。在谈话过程中，双方出现问题的争论或是观点的争鸣，都统统被这一雷鸣般的暴风骤雨所冲刷得无影无踪。而在此刻，这些健谈者仍沉浸在自我满足的状态之中，狂妄地认为自己所说的一切都是无比正确与全面的，而其说话的分寸则是妥帖合理的。但是，这些人不明白，自己所坚持自我的观点，其实也只不过是芸芸众生中的一种观点而已，每个人都有自己对某事的看法。而堕入此等谈话“疾病”的痼疾之中，最为可悲的一点是，忠实而又敢于直言不讳地指出你的坏习惯的朋友是屈指可数的啊！所以很少有人敢于直言不讳地指出你的坏习惯。若这一习惯养成之后，想要再破除，这几乎是难于上青天。我曾参加过一个家庭的内部会议。这无非就是要让每个人就对方的缺点交换一下意见，有则改之，无则加勉。最后，一家之长代表全家，以一种很委婉的方式告诉那位有这个坏习惯的兄弟。虽然，他是以极为迂回的方式表达出来，但这位自始至终对自己这一习性浑然不觉的兄弟却陷入了极度的尴尬之中。他强打精神，表面上感谢了这位自己的家人。他承诺要改过自新。在接下来愉快的家庭聚会上，他总是自己一人坐着，一言不发。逐渐地，原来那个习性被改正过来。在六个月之后，木讷的他与六个月之前那个滔滔不绝的他一样让人觉得很是无趣。但最让人伤心的一点是，他心中从来就没有原谅那位“勇敢”告诉他这一事实的人。同时，他也还沉浸在自己已经改掉这一习惯的自喜之中。

诚然，不是每个人都能成为一名优秀的谈话者，因为这需要幽默的性情、机敏的头脑、一种能看到貌似不相干事物内在联系的能力、优雅的谈吐、发自自然的魅力、宽于待人的性格。所有这些素质都是凭借坚忍不拔的努力去成就的。我们可以有意识地养成一个谈话的习惯，认清自己该说多少话，不论与自己谈话的对象看上去多么的无知，我们还是要坚持到底。我认识一位性情腼腆与反应迟钝的人，他只是从一种单纯的责任感出发，就能让自己成为一位很受欢迎的谈话者。我的一位朋友曾很坦白地说，她偶尔会使用一种谈话思维，那就是让自己按照字母表的排列顺序来选择话题。我自己就做不到这一点。因为当我从A开始的时候，我就会想到Algebra（几何）、Archery（箭术）或是Astigmatism（散光）。就谈话的主题的选择来说，我觉得他们能很轻松运用的方法，在我这里却行不通。

对于艺术学生，我唯一的建议就是让他们不要惧怕自己心中那股升腾出来的自我中心主义，他们可以站在自己个人的观点，坦诚地就自己所感兴趣的方面进行讨论。一位不带情绪、态度冷漠的谈话者就好比一只很愚钝的狗。没有什么比坦诚地表达出自己个人的观点更能让人清楚了解双方观点所存在的分歧或是共识了。在谈话的时候，我们也不该鄙视一些小的话题，例如像天气、乘坐火车旅行、自己身体的状况、拜访牙医所发生的趣事，或是晕船，等等，这些都是人们所共有的一些经验及共同的人性。这可是谈话时的一个重要的支撑点。

不可否认，对于一些不善言辞的人来说，他们时常觉得没话可讲，觉得自己就像一头在冰川上缓慢爬行的笨拙的海象，显得那么的笨重、忧伤与迟钝。其实，这些问题都是大同小异的。有人曾告诉我当某人介绍给他认识新的朋友时的那种极为紧张的情绪，这是很常见的情形。我认识一位哲学家，他是位值得尊敬的健谈者。他曾跟我讲了一次经历。在某个晚会的场合上，女主人把一位年轻的女子带到他的面前，这位女子就像伊芙琴尼亚[①]站在一个牺牲台上。女主人说，这位小姐想与你见面。但对于这位哲学家而言，他的脑袋马上变成一片空白了。这位热情的少女睁着圆圆且富于热情的眼睛一直看着他。在一段让人倍感煎熬的沉默之后，他终于想到了在此场景适合的对话。但若他们早点见面，他并不认为这是没用的。在一阵间断之后，他忽然想到，若是之前的那段沉默的时间没有那么长，自己之前想的对白也许是适合的。于是，他又把这个想法给否决掉了。内心时刻在经历着你死我活的挣扎，他所想的每一种对白都被他觉得是毫无希望与没有价值的结果给推翻了。女主人看到此景不妙，就像阿耳特弥斯[②]，把伊芙琴尼亚带走了，不给这位哲学家再一次自我沉思的机会。他说，这次经历给他的教训是终生难忘的。自此之后，他决定想出一段适合于任何年龄段的男女，在任何情况下都可适用的对白。但这对白究竟是何内容，他死活不肯透露。他的这一重要研究的“秘密成果”，最终也只能随他一道灰飞烟灭。

我还有一位朋友在谈话方面有着独特的天赋。他是一位见惯世面的

① 希腊神话中迈锡尼王阿伽门农的女儿。

② 希腊神话中月神与狩猎女神。

人，知道政坛的不少秘密与轶事。作为一位思维极为敏捷的谈话者，无论是在私下还是在公开场合，他都能展现自己极为出众的谈话艺术。他所谈到的事情都是十分有趣的。他喜好口无遮拦地说事儿。他在谈论某事的时候，都要求听者不要将秘密外泄。所以，那些受他邀请的人都倍感荣幸，这是因为他那让人愉悦的性情所致。谈话的可信度、出言的谨慎或是自身的地位，这都是自信的一个标志。在某个场合听到他的谈话之后，我绝非想背叛他，自己只是想以日记的形式，将他的这些富于情趣的话语做一个精确的记录，以永久地保存下来。让我深感惊奇与失望的是，我发现自己根本无法有条理地整理他说过的话，更不用说用文字将之记录下来了。他的这些话也许缺少分量，就像某些精妙的糕点，只是在智识与乐趣上留下一缕芳香而已。

我必须要说明一点：模仿这人的谈话方式是一件很危险的事情。因为，这既要满足听者所抱有的期望，又无法让他们口口相传，这对该说什么、隐藏什么是一个很大的挑战。这是一门很精妙的艺术。许多人都会尝试这样做，而最终不可避免堕落为一名可悲的多舌之人，在别人眼中，你就是一个满口琐碎、毫无价值的东西，根本无法守住秘密。最终只会给那些好事的记者一个大肆渲染的机会。但若能马上激起听者的好奇心，且给他们一直貌似探知到最秘密的事情的感觉，这就是谈话艺术的一大胜利。

约翰逊博士说过，他喜欢伸展自己的大腿，走出房门让自己的话语传扬出去。但事实却是，最融洽的谈话应该是预先没有处心积虑的对话，即便内心对谈话偶有期待，但也不需抱有过高期望值。在我看来，最能让自己感兴趣的谈话方式就是在一段相对长的时间里展开私下的对话。这通常可在散步之时，当运动将身体的血液输送上大脑；或是在乡村小路欣赏美丽的景色，让自己的精神达到一种高度的和谐状态之中，当心灵由于一些祥和、正直与富有思想的同伴的陪伴而产生了一种愉悦的健谈情绪；还可以在参观一下那早已积满尘埃的仓库，溜达一下那些琳琅满目的商店。在这些时刻之下，思想才能直抵灵魂的最深处。此时，就某个话题发表自己的言论，在一种看似漫无目的地进行着愉悦的谈话，让自己不为外物所役，随心飞扬。时不时抱着一种回味的姿态返回某个主题。这样的谈话，在心灵中不会产生一丝让人感觉到心头隐隐约约有阴翳的烦忧，而像吹拂在乡间小路上的阵阵清风，沁人心脾。此刻，心灵泛起的感伤情绪让我回忆起那些逝去的时光，将如但丁所说的那种将“孑然的伤感”视如粪土，不怀一丝的感激。如此情此景给心灵带来的震撼的时刻是多么的罕有啊！即便现在，当我将自己所经历的这一情景写下来的时候，脑海中就浮现了以下场景。我与朋友一起散步，这位朋友早已逝去了。在大海西边的一个广阔的沙滩上，黄褐色的沙子铺撒一地。至今，我的耳畔仍在回荡着猎猎海风发出剧烈的嘶嘶声，嗅着海水那苦干的腥味；微浪轻声拍岸，在海岸边的沙丘上，可以看到一些绿色植物赫然映入眼帘；朝着海岬的一方，可以看到一艘轮船在缓缓地挪动着身子。而看上去有点朦胧的岬角，幻如虚影，让人难以靠近。当我们俩将自己的所思所想倾诉出来之后，我觉得那一天真是上帝赐予我的一份丰厚礼物，而我也欣然接受了。虽然我不知道一段如珍珠般的记忆的价值是多少，但我想，这些珍贵的记忆会深深地埋藏在心底。在想起自己与不同人交谈时所留下的珍贵回忆之时，奇怪的是，我发现最让自己印象深刻的谈话是几乎都是与同性进行的，而不是与异性。男性之间的谈话，有一种很纯粹的开放、平等的同志情谊，而这些是我在与女性交谈之时很难发觉的。我想，可能有一种不为人知的性别感渗透进来了吧。在与女性交谈的时候，觉得她们的经验或是情感与自己很难有交汇点，所以，感觉就好像存在一堵无形的墙。在与女性交谈时，我觉得自己突然变得具有某种莫名的同情理解的情绪，且变得技巧化。所以，自己很容易陷入自我本位的这种情绪之中。我发觉，相比于男性之间的坦诚交流，与女性进行这样的谈话似乎要困难许多。就我个人的感觉而言，这可能是由于女人们倾向于对别人的性格或是品位形成某种先入为主的成见。而想要与那先入为主的人展开坦诚、自然的交谈，难度骤然加大。特别是当她本人意识到这样是不对的时候，更是如此。相对来说，男性则不会急于对某物形成印象，那么交谈就显得更为坦诚。在与男性交谈的时候，时常会遇到不同观点的反驳，而正是这种反对之声恰恰激起了人们的思考。

与一些趣味相投、正直且富于同情感的人或是一些既能有批判眼光又有欣赏眼光的人在私下场合展开对话，若是对方的观点与自己有足够的差异，这其实更可全面地看待某个问题，把自己之前忽视或是看不到的东西在心灵之中显露——这样的交谈是高级的智慧享受，犹如在休闲之时，慢慢啜饮一杯香茗。

没有人知道如何才能成为一位善谈者。有些人乍看去具备了许多基本条件，但就是不知如何拿捏讲话分寸。在我看来，有两点是很重要的，其一就是心灵或是行为本身自然散发出来的魅力，这纯粹是一种禀赋；其二，自己要乐于在谈话过程中充当配角。

即便在不具备这些能力的前提下，人们仍可成为一名及格的谈话者，甚至是一位很有趣的谈话者。人们乐于听那些睿智之人对其所熟知的领域的谈话，即便有时他们的口气比较强硬，人们仍然会以一种接受的心理思维去接纳：正如一位准备去听讲座的听众一样。在大学里，有不少善谈者，偶尔能与他们交谈，这不失为一件乐事。他们谈论的话题很广泛，当某人对某个领域很熟悉，那他就可以好好地“炫耀”一番。人们普遍会认为，在大学校园里，应该能找到许多融洽的谈话吧。但现在的这一代老师却是缺乏休闲的，这是展开有趣对话的一大障碍。到了晚上，大部分老师都已累得筋疲力尽。在白天，他们要努力工作，于是，他们就放弃了晚上的社交时间。他们把谈话只是看成对一些八卦的戏谑或是恶搞而已，正如苏格兰人常说的傻瓜的游戏。一位专注于某一领域的人被认为是沉闷的。我认为，相比于年老或是年轻一点的老师，中年老师是最没趣的。就像所有成功的专业人士，这些中年教师都是很忙碌的。他们要作讲座、参加会议，桌面上总是有许多文案，他们没有时间进行通识阅读，而休闲时间也被不间断的访问所占据。但年轻教师则通常没有那么忙碌，而且更富有热情。最好的选择还是莫过于年长一点的老师了。他们开始能用一种平常心去看待一切，对世上茫茫人事有了更深的感悟；哲学的熏陶或是良好的性情所铸造的宽容大度，让他们变得更为和蔼可亲；他们做事不会很匆忙，也不会为某事而显得忧心忡忡；他们专心于阅读每天的报纸，总是有些事情让自己愉悦起来；他们往时的雄心壮志已成烟云，别人对他们的尊重与关注就足以让他们心满意足了。

我想在某种程度上，所有人的人生都是依照这个规律的吧。但关于谈话很重要的一点就是，若想有所斩获，大家就必须意识到这是一项目的明确的心理任务，而不是那些不经思考而随意迸发的琐言碎语。要想做好这一点，我们就要深思熟虑，内心不能有自私之意，还要准备好一腔热情。而难处就在于，这需要人们有广泛的兴趣、健全的心智。我们无须事先在心中预定着某个主题，然后就照本宣科地谈论着。那些想让社交聚会取得圆满的人，会邀请演奏家或歌手来助兴，或是精于待客之道的人来作为调度者。但在现实中，很少人会有如此缜密的心思，会想到在聚会上加入两三个的善谈者，并且还要求这些人要有同情心。

毋庸置疑的是，正如其他艺术一样，谈话也是一门真正的艺术。这需要一个良好的环境及适宜的周围条件。人们往往也会这样认为，因为他们对自己心中所想的东西感兴趣，并且能将这些想法用语言表达出来。其实，许多人都有足够的资源去营造良好的对话，但还需一种稀有的品质；在谈话时的一种微妙的感觉，或是某种灵感，都会给某个话题的对话带来一种独特的魅力或是意想不到的效果；一句让人感到愉悦的比喻性的话语，一种将抽象的思想用通俗的语言表达出来——以上的这些多少都是天赋所致的。我听过一些知识渊博、富于智识之人就某个话题的谈话，给我的感觉是，我希望自己永远也不要再听第二次了；但另一方面，我也不止一次听到不少人经常谈论一些老掉牙的事情，但他们的绘声绘色却散发着一种芳香，让我反省自己之前为什么从没如此全面地考虑这个问题。我以为，人们在对这些能力表达赞赏或是对其天赋给予赞扬的时候，应该要慎重。因为，这种天赋是如此的罕见，当我们发现之后，应该持欢迎的态度。这种艺术的存在在很大程度上取决于那些乐于此道的人所公开表达出的感激之情。其实，人生许多对快乐的印象都是在对人性与差异的半遮掩之时形成的，没人会忽视这种纯粹的乐趣。如果有人对制造这些美好感觉的那些微不足道的小事抱着愚蠢与不由分说的鄙视，那么，他将失去从中获得快乐的机会。

第六章　浅谈“美感”

在我们心中充盈着一种神秘的渴望，一种带有快感的悲伤。在此等心境之下，几曲小调、熟悉旋律所散发的摄魂的曼妙之音；暮晓时分，小鸟的空鸣、夕阳的余晖挂在孤寂的荒野之上，所有这些都让我们的内心激奋起一种无以言表、似要迸裂出来的激越之情。

今日，当我在房间坐着时，突然间，一种罕有的美感醍醐灌顶般地潜入我的心灵之中。让我产生类似精神愉悦所需的物质条件，其实是很普通与简单的。透过房间的窗户，可以看见一个很小的庭院。那里有一块草地，在它的右边则是一幢用石头垒成的古老的墙垣。紧挨着墙垣的地方，有一排历经风雨的参天菩提树。在墙垣的右面，则是礼堂的东侧，在那体积庞大窗格花的窗子上点缀着纹章式的盾徽。此刻，当我向外眺望之时，阳光照射进了一个不为人知的角落，角落顿时充满了生机，各种颜色的光影斑驳地交杂在一起。青草葱葱，叶子簇簇，棕褐色的根茎，墙上淡色的苔藓，在窗户的光线的映衬之下白光闪闪，顿时，眼前所有的一切形成了一种细致而又和谐的淡淡色调。之前，类似的景象我已看过多次，从没有想到会有如此这般美艳！

感知美的能力是一种多么神秘的力量啊！这就好似某种不为人知的海浪，随时在涨落，消长。这不为我们的身体状况、内心的悲恸或是欢乐所左右。在我们的人生里，看上去一切顺风顺水，事遂人意之时，世界之美则像我们轻声哼唱的歌曲中那和谐的旋律。我们会遇到万事如意的时日，让自己能一帆风顺，过上心满意足的日子，对生活也是满怀期待。当美感远离我们之时，当我们的内心变得沉静与满足之时，昼夜转换间细微的色彩变化，我们却不予理睬。此时，音乐难以融入我们的心灵，而诗歌此时也只不过是一些整齐划一的句子所发出的丁当之音而已。我们时常会有莫名地阴沉或是沉闷之时，觉得工作没劲、欢乐咀嚼起来没有味道，只是怀着迟钝而沉重的情绪去工作或是享受所谓的欢乐；我们时常也会被说不清、道不明的烦忧所笼罩，也许这是缘于身体的某种痛楚或是累积的负面情绪。在这些暗无天日的生活里，突然迸出一种美丽与罕见的亮光，让他们回想起万物复苏的春天，繁花簇拥下的杂树林，闪耀着各种艳丽的色彩的花坛。在我们心中充盈着一种神秘的渴望，一种带有快感的悲伤。在此等心境之下，几曲小调、熟悉旋律所散发的摄魂的曼妙之音；暮晓时分，小鸟的空鸣、夕阳的余晖落在孤寂的荒野之上，所有这些都让我们的内心激奋起一种无以言表、似要迸裂出来的激越之情。也许，有些读者在读到这些文字的时候，会说这很虚假，认为只不过是我个人一厢情愿虚构出来的。不可否认，有些性情温和、心智健全且喜于宁静之人，他们还未曾有过类似的感受。但对我而言，这是人生最为真实与最为平常的事情了。这种对美的神秘感知与欣赏的时光里，一种美好的回忆积淀在心间，成为我生命中最为重要的时刻。但这种感知美感的情怀却是很难控制，时刻会突然消失，让人生发沮丧的情绪，好像它永远也不会重返了。但是过了几天之后，在某天拂晓时分，这种美感又降临于我身上，让我深深地为之陶醉。

若是我所描述的这种感觉与身体的某种状态有关联，若是这种感觉只是在我顺心或是高兴时才出现，而在我失意垂头之时离开；抑或是在我身体精力充沛之时，无情地抛弃我，却在精神委靡之时普照于我：那么，我就会认为这种感觉的出现与身体是存在某种规律的。但事实上，这却并不遵循任何物质规律，而更像一只古灵精怪，随意地出没。当它潜入我的心灵，任何事物都无法将它驱赶，它就深埋在我的心中。在心神劳累之际，让我精神稍微为之欢愉一下；另一方面，悲伤或是沉郁的极限都不能让这种感觉停止运行。曾经有一次，当我站在我所爱之人的墓前，自己心中却想着还有很多事情亟待去做，以及许多还需要去安排的事务，这些纷扰就像一团厚重的乌云笼罩在头上。当人生没有了这种光芒之后，就会觉得前景是如此的暗淡无光。但当这种神秘的美感潜入心灵之中，音乐的节奏却能让我为之落泪。送葬的花圈上装饰着精美的花瓣，它们那美丽的曲线让我坠入了无边的沉思；它们那可爱的精致，那沁人心脾的芳香是多么让人心生感慨呀。此时此刻，在人的心灵中就会愿意去相信有某种虚无缥缈的、没有灵魂的生物的存在；正如《暴风雨》中的艾莉尔[①]（Ariel）。这种感觉无边无涯，控制着专注力，好似一个爱闹脾气的小孩子，碰到让其为之陶醉的梦幻之时，就会不计后果地去追求。

这绝非纯粹一个智力等级的问题。因为这种美感的出现是以一种谁也无法预测的方式进行的。无论是对于那些正在专心致志工作的人，还是那些忙碌抑或分心之人，他们获得美感垂青的概率是相等的。当某人在抬头的瞬间，阳光洒在波光粼粼的水面上或是照射在一堵古老的城墙上，耳边听着树叶沙沙的声响，鸟儿的欢歌，这些都不禁让人心醉神迷，像是被一种神秘力量所俘获。可某一天，当我在相同情形下工作之时，夕阳西下，如红彤彤的金盘挂在年老的院子上方，鸽子在高高的榆树上闭言碎语，水仙花在草地上傲然仰起它那优雅的身姿。但此情此景，于我而言却不过是一派沉寂与昏黑，没有一丝魅力或是摄魂之感。美感离我远去。

① Ariel在《暴风雨》（*The Tempest*）里是一个有魔力的精灵。曾经因为违背邪恶女巫拉克斯（Sycorax）的命令而被禁锢在一棵松树上达12年之久。流亡到这个荒岛上的米兰公爵普洛斯彼罗（Prospero）凭借魔法解救了Ariel，并让Ariel答应为他服务一年。莎士比亚的最后一个故事是圆满的，Ariel也得到了自由。

对美感的感知看来是精神领域不受控制的地盘，无论是在身体或是心理层面上，都是如此。在一天之中，有时会出现几个这样的时刻，但都瞬间消逝了。一周前，我与朋友们出去度假。我与一群友善且幽默的同伴一起走在春天的森林小道上，仿佛置身于苏塞克斯山脉褶皱及峡谷织成的一张网之中。天空到处闪着流光，远处的褶皱似为整片森林穿上了一身外衣，在温暖的空气中显得那么的纯蓝，又是那么的遥远。但我对这些都毫无感觉。后来，当我走到了一个之前已驻足过数百次的地方停下脚步休息时，我看到一条小溪正缓缓漫过一扇破烂的闸门，进入里面被弃置许久的大锁，参天大树在原来的砖瓦场茂盛生长，而桤木则在坍塌的砌砖上牢牢扎根。面对此情此景，我仿佛被瞬间的电流击醒，觉得自己那颗干涸的灵魂终于在一个陡峭的山峦隐蔽下的洞穴里面，发现了一股汩汩流淌的清泉。此景、此声，让我的灵魂得到满足与安息，忘怀人世间的一切烦忧。

真实的事情就是这样。我觉得，这也并非一件多么神秘的事情。但这种感觉却是有赖于某种和谐的心境。可以证明类似事实的例证就是，同一首诗歌或是同一个曲调，在某个特定的时刻能激起我们心中强烈的共鸣；但在另一个心境之下，却丝毫不能漾起心中半点的涟漪。所以，有人不禁悲观地感叹，为什么之前自己欣赏或是喜爱的事物会变成如此这般。但正是美感的这种瞬间与短暂的特性让我有一种安全感。若是某人去看待那些以强烈的审美感去生活的人，比如罗塞蒂、佩特[①]、J.A.西蒙兹[②]这些人的生活，他就会明白在那种微妙的感觉之中，许多其他的感觉都被牺牲掉了。

---

① 佩特（全名Walter Horatio Pater，1839—1894年），英国散文家、批评家与小说家。

② J.A.西蒙兹（全名：John Addington Symonds，1840—1893年），英国诗人与文艺评论家。

人们会看到，对于诸如罗塞蒂这些人来说，美感所带来的感官享受是如此的剧烈、灿烂，他们愿意花上一生的光阴去追寻美感，并将之视为唯一的要务。他们的人生让人们觉得，他们是时刻准备着用织网到水中去捕捉，希望能找到那种“闪着强光且有尖利鱼鳍的生物”；他们觉得自己之前没有被美感光顾的日子或是时间都是贫乏与荒芜的。我情不自禁地想，这实在是一件很危险的事情。这只会让心灵耽于某种审美感觉上，结果失去了一种均衡感。对某种情感变态地追求的危害在于，随着生活的继续，我们的感觉功能就会日渐淡漠与苍老，悲观之情就可长驱直入地涌上心头。

就我个人而言，自己正是被美感这种来去无踪的特性所拯救了。我从没想过故意去捕捉这个感觉，因为这是徒劳的。任何一项工作，无论其本身多么乏味或是多么引人入胜，都不能获得其特殊的青睐，反之亦然。美感根本不像人体一样，有其一定的变化规律，人们可以从一定的饮食、锻炼情况及习惯中窥探一二。当我最为烦躁或是忧伤时，这种感觉就如暴风骤雨般倾泻下来，但我始终遏制自己不要去刻意地挽留这种感觉。绝不！我们活着的时候，就不要去多想这些。当美感降临时，心存感激；当其消退时，亦是心满意足。

关于自然之美，我想有关描述或是谈论的资料已是不可胜数了。我这样并非是说，自然有哪一刻是失去它那本真之美。但是，人们听到或是看到许多关于“享受自然”的言语都是很不真实的。但在另一方面，许多人对大自然之美所感受到的真实赞叹却没能淋漓尽致地表达出来，这也许是他们没有有意识地去感受的缘故吧。要对自然有一个真实、深邃的理解，这需要某种诗性的才华，而这种才华是很稀罕的。许多人都有很强的语言表达能力，但却缺乏独创性，正是这种思维的困囿让他们觉得用文字表达对自然的感受与自己真实的感觉还有相当的距离，但人们往往又有这样的期盼。

换个角度来看，我以为，在许多安静之人的心灵中，他们会对祥和的地球所散发出的美生发一种发自肺腑之爱与欢欣。四季嬗替，大自然在默然中进行着种种精妙的变化，生命如潮水般涨落不息；朝暾夕晖，变化万千、鬼斧神工的幻象；清澈的泉流千回百转，惊涛拍岸，裂石震胸；被我们称之为上帝精美作品的各色花朵的种种超脱于尘世的旷世之美、馥郁的芳香；天高云淡，朗月高悬；夜空则是一派星宿织锦，密麻如线。

一些有幸住在静谧乡村的人能够深切感受到大自然的无声之爱以及那份宁静。而一些人则不得不住在纷扰的城市之中，但他们却仍有某种强烈感受美感的本能，这也许是从其祖先那里遗传下来的。在他们亲身接近大自然的短暂时间里，他们同样能深感其乐。

菲兹杰拉德[①]讲过他到伦敦拜会托马斯·卡莱尔的故事。在卡莱尔房子最顶层的一间房间里，他俩坐了下来。窗外可以看到后堂及烟囱顶管的宽广视野。然后，菲兹杰拉德听着这位“圣人”是如何痛斥与谩骂城市生活的可怖。但给他留下的印象却是，也许卡莱尔并不是很想离开这个被他“诅咒”的“鬼地方”。

而事实上，在当今社会，人们把对自然的热爱看成文化修养重要的一环。这其实也是许多在社会上有头面的人所愿意承担的。一般人很少会

① 菲兹杰拉德（全名：Francis Scott Key Fitzgerald，1896—1940年），美国短篇小说家。

说，自己对国家政治、游戏、体育、文学或是欣赏大自然与宗教等方面提不起半点兴趣。事实上，也许除了对游戏与体育之外，人们所说的对上述方面的兴趣要比实际弱上许多。若有某人很坦白地说，自己认为所有这些话题都是无趣的、让人厌倦与荒唐的。人们就会认为这个人是愚蠢、莽撞甚至是野蛮的。也许，许多对这些话题表现出深切关切的人们都会觉得，他们是在表达出自己一种真实的情感。但他们却不愿说出自己在其他方面混淆真实情感的详细历程。有不少人把大自然之美只是局限于清新的空气、其表面的一些具体变化、景色的转换。一些著名的高尔夫球手在谈话中讲到自己对自然的热爱。他们也并不知道自己的话有什么不真诚之处。他们把心底对这项运动追求所产生的乐趣说成对周围怡人环境的乐趣。我在心中不禁猜想着，他们的注意力应该只是集中于那个白色小球、比赛场地地势的高低，而非大海与天空组合的壮景。

正如其他高雅乐趣一样，若是无法从对自然的观察中撷取乐趣，在实践的过程中仍可获得极大的提升。我并不是说对自然历史的追寻，而是对一种自然情感的寻求。恰似艺术品给人所带来的愉悦，我们这种对细微之处的感知所产生的情感，亦是如此。许多人都自信对自然景象有一定程度的鉴赏力，但实际上，他们只是停留在那些让其心头为之震撼的宏大景象之中。从那让人眼花缭乱的广阔画卷中，耸峻的高山、陡峭的峡谷、“银河落九天”般的瀑布——在这些都是人们习惯于称之为壮美的画面之中，他们才能获得一定的乐趣。当然，这也是不错的。我们还应该从大自然的细微之处领略它的美。我所谈到的这种对美的感知是可从平常事物中获取的。出外碎步一阵，甚至只是透过窗户偶尔向外面投去一瞥，都可获得这种感觉。我们所看到的不过是一些光线与色彩交杂的小幅画卷。在这样的画卷里，在常人眼里，产生美的概率是很低的。其实，不仅是一些宏大的场景，有时，就是一些很普通的景象表面上的改观——例如，树林丛中的青绿突现于郊区某个花园的墙垛上，或是夕阳西下，偶然间落在池塘或映照在花朵之间，所有这些对事物的感知源于内心的一种情怀。在漫漫人生之中，当难以消除的困乏占据心灵时，就会让我们觉得很难有再让心弦为之颤动的时刻了。但突然在瞬间，一股柔软与舒畅的心境又返回心间，觉得整个世界又洋溢着美感。

即便在这里——这座小城上的古老大学里，到处都有让眼睛及心灵感受到美的存在的景致。当然，这并不单纯是自然的美景。但正是在这种自然之美下，让艺术汲取无尽的灵气，趋向成熟。这些巨石所垒成的庄严的建筑，就如同历经风雨仍旧耸立的悬崖峭壁，搏击着世间风雨。在很久以前，这些建筑就被花园的树林环绕，鹤立鸡群地耸峙着。它们就如原本在森林中爱唱歌的鸟儿，现在待在金丝笼里也是心满意足。这些求知的神圣殿堂，以灿烂盛开的花园作为背景，显得那么圣洁。在离大街很近的地方栽种这些树木，犹如一座无声的堡垒将外界的尘埃与喧闹隔绝，以一种庄严不可欺的凛然气势，捍卫着人与人之间真诚交流所带来的宝藏。这个城市的建筑上的塔尖鳞次栉比地耸立着，好似卡米洛特[1]宫殿，显得既宏伟又黯淡。这其中蕴涵的浪漫情怀，只有为数不多的城市才能与之相匹敌。若是在水边离群索居，在整齐有序的小巷中漫步，一

① 英国传说中亚瑟王的宫殿所在之地。

种久远的安全感及一种充裕的隐士情怀在心底慢慢“冒芽”，所有这些都具有一种无与伦比的魅力。日复一日，当某人脚步匆忙或是在悠闲地走着，这种魅力就会袭入心头，夹带着无法抵抗的力量，心底产生一种全新的印象就是这种最高境界之美的凭证。同时，一些场面恢弘所带来的美时不时冲进那些愚昧的心灵之中。对自然之美有深切体会之人都会默许一种平淡、近乎质朴的心灵感觉。之前自己已看过百次的森林形成的曲线，休耕后田野的交错阡陌，牧场上不起眼的一个小池塘，四周环绕着灯芯草，远处丘陵似长长的蓝带，夕阳余晖下多变的云翳——这些都会让人感到全新的愉悦。这种愉悦感随着观察的深入细致以及直觉而增强。

到此为止，我已谈论了我们眼中的自然。对于一些沉静与富于洞察力的人的一些心灵感觉，让我们作进一步的探讨：自然究竟对一颗深受重压的心灵及被阴霾所笼罩的情绪能起到什么作用呢？难道自然真的有某种所谓的“自愈力”，能够治愈我们的悲伤或是抚慰我们的忧虑？有句古谚是这样说的：乡村有助于弥合一颗受伤的心。事实真的如此吗？对于一些吹嘘自然具有某种所谓“疗伤”作用的睿智之人或是诗人，我不敢认同他们的观点。无疑，我们所深爱的东西有助于分散我们的注意力。但我想，当自己没有心绪去面对眼前一切的时候，眼前的宁静或是激荡的美景只会徒增个人的痛苦。在我们顺心遂意之时，仿佛自然在与我们微笑；而在乌云满布，累累忧伤之时，空气中都好似弥漫着惆怅与诡异的气息，控制着我们无边的哀愁。当某人被悲伤折磨时，自然的“微笑”反而更像一剂毒药，使人抓狂，此时的这种情感，类似奥赛罗在看到黛丝德摩娜

（Desdemona）时所表现出的愤怒。他会认为这是大自然的错，她并没有什么怜悯、同情之心，她有属于自己的工作要完成，而她的整个变化又是那么迅速与炫目。她好似在咯咯地嗤笑着，无情地将人们的失败丢在一旁。她好像对那些被伤痛或疾病重压的人们说："不要一心想着从我这里得到慰藉，欢欣起来吧，自己去寻找快乐吧，否则，我也只能将你抛弃了。"远眺自然之景时，觉得这些景象有助于恢复一颗受伤的心灵，看似上帝的心灵还是公平与甜蜜的。但上帝或是自然对这些受伤的心灵都没有直接的谕旨。

"直到炉火中的火光熄灭，
我们才会真正去寻找与星星的联系。"①

一位富于洞察力的诗人曾这样说过：大自然给我们的一种安慰的方式，并不是直接的同情或是某种柔情。人们可以凭借自己不可战胜的精神，从对自然的沉思中勇敢地提取精髓。自然时刻不息地运转，并没有空闲去治愈什么。多数人所感受的悲伤时光通常源于人生中我们所爱或是所丢失的东西是无法弥补的，难以重来。自然可以容忍世间的一切，但她实际上并不会因此而有少许改变。这是一个很残酷的事实。让我们相信这点，因为在这个世上，只有真理才能让我们进行终极的反思。而对于年轻人的心态而言，这是很不同的。对于所有年轻人来说，即使他们在过往的追寻归于失败，但他们很快就会找到一个替代的目标，并从中感受到全新

① 出自英国诗人与小说家乔治·梅瑞狄斯（George Meredith，1828—1909年）。

的乐趣。他们不希望自己直面一些事实，就好像在童话故事里，当男女主人公安然无恙地历经磨难，最后幸福地生活在一起。然后，这故事的帷幕就迅速地拉下了："从此之后，他们过上了幸福的生活"。但稍有阅历的人都知道"从此"（ever）一词是要去掉的；那么问题就出现在"之后"（afterwards）这词上来了。因为，他们迟早也要经历最后死神将他们分离的痛苦。

我希望每个人都有自己的生活方式，明智地享受人生的乐趣。通过各种方式，培养自己怜悯及乐天的性情。在我们那个时代，人与人之间的交谈是轻松与简短的。通过每日的报纸，整个世界的进程都可以在一座偏僻的图书馆里被了解。因此，我们也变得更为忙碌，分身无闲，认为热闹胜于安静，个人利益得失胜于内心的平和。若是每个人偶尔都能独处，这是很有好处的。我们无须逃遁这个社会，而是要坚信一点，我们不能将自己的幸福构筑在熙攘的人群之中。我希望那些平常忙碌之人能够舍弃一些娱乐活动，或是放弃一些金钱的收入来换得哪怕是某个时刻的忧郁之感。他们应能独自面对自己的灵魂，敞开心扉，直面自己。他们应多到田野或是树林中感受那些恬静而又不屈生命的价值。他们可以独自在孤僻的地方漫游一阵，看看那榛树覆盖下溪流潺潺汩汩，宛如一曲优美的乐曲在林间深处时刻回荡；不时可以听到小鸟清脆的鸣叫；草地上绚丽的花朵正在绽放着；杂树林中，野生的紫色风信子、如星星一般的银莲花，它们都已爬到了小溪下游的葱葱草皮上来了，看看它们脚下的一片奇妙世界。在远处有些许坍塌的城郭在阳光下熠熠闪光；或是站在悬崖峭壁上，俯瞰下面的一排麦浪，大海如褶皱的大理石般散开着；或是在退潮之后的海边散步。也许有些自诩为理智之人在看到这些文字的时候会认为，我是一位无可救药的多愁善感者，但我并非如此。我觉得，那些从没看过此等景色的人，就好比关上了心灵的一扇大门，这是一扇通往甜蜜与真实的大门。“你想想野地里百合花”[1]，一位现在被我们尊称为“指引”或是“师傅”[2]的人在很久之前就曾这样说过。在平淡的感觉里，拓宽自己的眼界，愿意接受事物给自己带来的某种印象。我深信，这就是真正智慧的本质。在大千世界里，我们都有自己的事情要东奔西跑，但同时，必须要时刻去学习。在古代寓言里，那个拿粪耙的人，捡拾这大街上的稻草与尘土。若他注定是要做这么低等的工作，那么，他的所为可算是忠实地履行了职责。但若他有意识地抬起头，若让自己有哪怕是一刻的空闲时间，他就可看到上帝正在他的上方，完全在他伸手可触的范围。但他却没有伸出自己的双手。

在当代，有一位著名讽刺家写了一段流行的讽刺段子。这位讽刺家称自己到人类所有情感的巢穴里走了一趟，发现所有这些情感都包含着某种原始与可鄙本性的稀释物。但人类对自然纯粹与不带感情的爱却是没有丝毫占有欲的念头存在的。在这种爱中，没有动物本能掺杂其中，当然也不会引起半点占有欲。若是这被一种平静享受乐趣的感觉所唤起的，或者说是在一种良好的环境下，人们可以过上知足快乐的生活。但这也会让人想到人生的诸多不顺、暴风骤雨、难以企及的顶峰、野渡无人的码头、长河落日、咆哮的大海。这给人带来一种惊奇、神秘的感觉，唤起我们对未知事物的一种莫名与饥渴的盼望，其中往往有某种忧郁夹杂其中，这并不会

① 出自《圣经·马太福音·6:28》。

② 指耶稣基督。

让人感到痛苦或是悲伤，而是能增强且提升人生的重要价值。虽然我不知该怎样表达它，但在我看来，这是一种空灵的召唤，召唤我们向往灵魂深处更为宏大且更富爱心的力量。我所谈到的本能会让心灵集中于其自身，在出于某个自私目的的驱使之下会增强许多。但自然之美却好像召唤这种精神出来，好像召唤拉撒路从躲在岩石凿成的坟墓中出来的声音。这让我认识到自己那卑微、微不足道的欲望都不应左右我们的心境。在心灵之外，还有某种更为强大与宏伟的力量，我们可以分享这种力量。当我写下这段文字的时候，看到窗外熟悉的景色在悄然发生着变化：天际布满了黢黑的云团，从低矮的落日中，可以看到晕白的亮光在闪烁着，照亮了整个屋顶、树林、田野。在光的映衬下，一群白鸽掠过，在空中盘桓许久，在昏黑中翻滚的蒸汽的背景下，形成了一个明亮且移动的斑点。这些激烈且让人震撼的景象于我而言有何深意呢？这其中没有一丝自私的快感，没有个人利益得失的牵绊。它没有向我承诺什么，只是给我带来一种深沉且不足为人道出的满足感，让心胸积郁许久的愤懑一扫而光。

有一天，我读到一本很奇异的书，这本书是讲述奇幻对精神影响的。我们心灵深处的幽梦可从对物像的沉思中被唤醒。我认为，这并非是不真实或是难以置信的，就好像只是在制造某个秘密，在与心灵玩一场捉迷藏的游戏。也许，我不应该这么说，因为这本书的作者是抱着良好的出发点的。但从那之后，我就会经常思索这一问题。在某种程度上，所有人都是受到精神的影响。自然向我们施加了某种魔法——换句话说，一种断续闯入我们生活的神秘力量，来自不知何域的信息，这一信息被物像所唤醒。孤云上的一缕光、草地上的一朵花、一条小溪——所有这些我们之前看过千百次的普通物像——都让我们的心灵陷入沉思，那些宽大且不可言喻的东西渐渐趋近，这在我们看来，只能称之为魔法。因为这不是常理或是以某个具体的术语就能描绘的。但这种感觉却是真真切切地存在的，是那么的持久与不容否认。这看似是一道让灵魂通往未知远方的一道桥，带给我们一种认清事物重要本质的能力，以及一种渺远的愿景，留下一个永不消失的期盼。

当然，这也可能只是某些人所特有的一种心理习性。但是，试图去表明美感为何物是一件极为困难的事情。在选择什么标准去判断或是评价美感时，心灵显得是那么的犹豫不决。我觉得，在许多人心中对此没有感觉的一个原因就是，他们在许多事情上不是相信自己的直觉。他们在很小的时候就以别人的观点来形成自己对美感的认识，再将自己的认识与别人的认识重叠起来。我坚信，若是自己不是真心实意地赞美某物，某物就不值得赞美。当然，人们不应在年纪轻轻时就形成自己对美的固定认识，然后就顽固地坚持自己的观点或是自吹自擂。若是有许多值得尊重之人都宣称赞赏某些事物或是某些场景，那么我们就应下定决心去发掘到底是什么那么吸引他们。但这需要一段时间的积淀，当某人有了足够的阅历，当他能辨别或是作出自己的决定之后才能做到。我想在这一点上，最好要做适合自己的，不要人云亦云，要符合自己对某类事物真正的感觉，不要时刻让别人的观点改变自己的看法。

对美感的欣赏基本上是本能的范畴，这仍是心灵难以揭开的一个谜。有些事物，就比如一朵花朵形成的曲线及颜色，幼小动物的奔跑，这些场景对人类好似具有永恒的吸引力。但对自然风景的享受，描绘粗犷及陡峭高山的画像，它们所产生的美感则几乎不存在古代作家的心中。这种情况最后出现在一位作家身上可追溯到18世纪的约翰逊博士。他曾说过，高山是丑陋的。格雷[1]可能是认真培养对这些“上帝制造的丑陋生物”美感认知的先驱者。在这之前，这些“永恒沉睡的巨石”及“轰鸣的瀑布”在我们的祖先那辈人心中产生的是一种可怖的情感。格雷好似对这些风景之美的真谛有所感知。而事实上，奇妙、险峻、永不满足及宏大的自然似乎包罗万象。在格雷所写的书中都有描绘自然的小插图。让我高兴的是，他曾游历过莱德山，并且认为它是美丽的。而在此时，华兹华斯[2]才刚刚出生呢!

在艺术、建筑以及音乐等领域里，对美的感觉则是更加复杂的事情，因为其中没有任何法则可循。艺术品是不宜将细节都完美呈现的。一幅棱角分明的画像通常是倒人胃口的。在艺术品中添加一些人性、感情或是某种真理，增添某种能牢牢抓住灵魂的东西，这样的艺术品才会拥有一种难以捉摸且难以形容的美感。

我笃信一点：人类对美的感觉的本能是灵魂得以永生的一个本质。事实上，在某些时刻，这会让人产生某种前世之感，觉得自己喜欢的某些事物可以追溯到潜意识产生之前的时候。布莱克在他那洋洋洒洒、满怀激情的话语中曾更进一步地宣称：人类永生的希望不在于美德，而在于智识上的感知。人们很难去反驳这种说法。当某人进入了某种真的可称为无与伦

① 格雷（Thomas Gray，1716—1771年），英国18世纪重要诗人。代表作有《墓畔哀歌》。

② 华兹华斯（William Wordsworth，1770—1850年），英国桂冠诗人。代表作有《孤独的刈麦女》。

比的美之前，且不论这种美以何种形式出现，但却能唤起内心深深的渴望，这是一种更为深沉与真实的满足，这不是单纯从沉思中就可获得的。我自己也有几次沉浸在这样的时刻里，认为自己好像正在触摸到一些重要秘密的边缘，只有一层最微薄的帷幕阻隔在我与关于人生的全部真理之间。若是我能穿过这层帷幕，那么对人生的认识就会大为改观。但这些已逝去，这些秘密也迟迟不能解开。但若认为情感是源于上帝给予我们的直接信息，这则是正确的。因为这其中没有一种占有欲或是毁灭的标志，而只有一种神圣的感觉占据心中。无论美感所依附的物像以何种方式出现，都会让心灵迷醉。当然，这个过程仍是一团谜，正如许多我们无法接近的“完美”事物，而这些神秘所带来的乐趣当然是来自对其的沉思。心灵要以一种开放的态度去敞开那些仍旧紧闭的大门。我们都站在那道门槛上踌躇，虽然我们还不接近；然后，就像夕阳的余晖升腾起希望，这不是通往死亡的墓穴，而是开启了一扇生命的大门。

大学之窗
From a College Window

第七章 浅论“艺术”

无论你是否有幸具有某种表达的特殊天赋，人们始终都应以一种艺术的眼光去看待自己的生活。我并不是说，每个人都应对人生的艺术面过分高估，或是把自己的个人情感置于那种无私的有益用途之上。我的意思是，一个人应注重感知的层次、行为的举止、思想的档次、品行的优劣。人们不应被大众舆论牵着鼻子走，人们的思想也不应由其所处的社会地位所决定。

我希望能有一个比“艺术”一词更好的字眼来替代其本身所蕴涵的那些关于美好事物的含义。“艺术”一词本身是一个性子急与颇具爆裂性的词语，就好像一头发怒的动物在吼叫。当然，这个字眼也不得不承受一些别有用心之人的错用给其带来的负担。更进一步说，“艺术”一词代表着许多美好的东西，人们很难真正确定那些使用这个字眼的人所要真正表达的意义。有些人是用这个词的抽象意义，有些则取其具体的意义。“艺术”一词的“不幸”在某些惯用语中，它还有“虚构与谋划”之间的细微差别。

我在这章所谈论的“艺术”是站在其最深沉、真实的角度来审视的，即“艺术”应该是某种感知力，一种穿透对事物本质认识的能力。一般说来，一些具有某种艺术气质的影子且有一定表达能力的人，可从一些琐碎资料中运用自己想象之力，化腐朽为神奇，就像在阿拉丁故事中的妖怪，他们能在一夜之间建成一座宫殿。我个人认为，艺术气质要比人们想象中更为常见。许多人觉得很难去相信这种气质的存在，除非其存在着某些虚弱的标志，例如在能描摹出水彩画或是能用钢琴演奏出美妙音乐的人身上。但事实上，某人只拥有某种艺术气质，但却没有一种释放这种艺术气质的能力，这也许是世上许多人终生郁郁不得志的最常见的一个原因了。人们可以经常看到，一些对自己性情难以控制、对别人挑剔成性的人，他们对自己的重要性或是自身的地位过分看重，这种感觉在任何艺术创作中都是不可取的。还有一些人总是鄙视别人，对别人总是持批评的态度，他们内心难以满足，总是会有一种失望与沉寂的感觉；他们热烈地盼望着得到别人的承认，觉得自己的真实才华的价值没人赏识。对于这些人而言，生活中的任何敏感、慵懒、骄傲等各种情形都不能让他们内心稍感快乐。他们脑海中有着某种模糊的感知，但却不能将这种感知用语言或是符号表达出来；他们觉得平常的工作是乏味、没有激情的；他们与别人的关系则是毫无生气可言的；他们认为，无论在任何环境或是条件下，他们都应该成为主角；他们好像从没认识到一点：他们不快乐的根源正是出于自己身上。也许，稍让人感到宽慰的是，幸好他们自己没有认识到这一点，因为他们总是把自己的多舛归结于命运，正是这一点才使他们从一种永远也难以摆脱的沮丧中挣脱出来。

有时，艺术气质存在于一定的表达能力之中。但若是没有足够的毅力或是深厚的基本功底，我们很难创造出具有艺术价值的作品。因此，这也是我们常人的水准基本上都是停留在业余级别的原因。有时，也会出现另一种情形，即创作者的技术水平超过自己内在感知的承受力，他们创造出的只是一批毫无灵魂的作品，让人觉得这是许多以此为职业的艺术家所为。因此，很少有人能真正看到外在与内在完美结合的作品。

很多态度谦卑及有前途的艺术家，他们为自己的艺术品生活与工作。他们之所以倍感谦卑，因为他们永远也难以达到艺术完美的境地；他们之所以有前途，因为他们每天都臻于完美。一般而言，艺术气质并不能带来持久的快乐，其带来的只是某些激越的时刻。当一些美好的愿望最终达成之时，在感到快乐之时，也会感到深深的失落。当梦想依旧在缥缈的远方静寂无声，而自己则为日趋退化的大脑而感到忧伤，害怕自己的生命之火随时熄灭。诚然，一些具有艺术气质却很温和之人，比如雷诺兹、亨德尔、华兹华斯等均能幸免于此，但在艺术的历史上，却不乏那些要承受艺术之苦的人，他们为此失去了心灵的宁静。

但除此之外，艺术气质在很多情形下是存在于不被我们认可的艺术体裁之中的，这种艺术气质可指引我们的生活。在这里，我并非特指那些成功或是专业人士，也不是指那些本身就有快乐性情及以宽阔视野而获胜之人，不是对那些认为工作是宜人的且成功则是喜悦的人而言的。我所指的是那些对许多艺术形式中都有自己良好的感知力的人，他们对别人的艺术品存在的优点是有充分的认识，愿意与这些人建立一种友好的关系。而对于那些认为人生本身的欢乐、悲伤、馈赠或是损失都具有某种浪漫、美丽且富于神秘色彩的人而言，他们重视自己与别人的关系，喜欢与不同的人物就一些问题交换看法。他们对别人充满着兴趣与对别人的观点有着一种理解之意；他们汲取别人的优点，能够穿透许多人为了保护自己而竖起的世俗“藩篱”；他们在艺术创作中都有相类似的感知；他们喜欢书籍、音乐、艺术，但却不会勉强自己也要写一本；他们能领略到欣赏与赞美带给人的妙趣；他们时常在阅读艺术家的生平时，能感受到这种智慧与大度的灵魂；他们热爱艺术家、了解他们；他们的敬重并没有被许多艺术家最丑陋的一点——妒忌所蒙蔽。没有艺术感的人则会认为艺术家只不过是努力挣扎，因为他们只看到艺术家们恼怒、虚荣、自尊自大，无法与这些艺术家魂牵的理想搭上干系。但对一些能不带嫉妒之心去理解别人，用一颗同情心去包容他们时常表现出来古怪行为的人，他们会产生一种真诚与大度之情，而这些都是在不经意间完成的。

有人认为，一种能带来成功的艺术气质是建立在一定的基本功以及对事物表象的感知上，这种看法是不全面的。对于这样一种人，他们把艺术气质看成是时刻可被带有美感或值得感伤的事物所改变的，把一种他们不能构思到的一种思想、几行诗歌或是几曲音乐以及一幅描摹看成能让他们为之心潮澎湃的，这些人往往会认为这些精神必然是平静与柔和的，其中蕴涵着深不可测的高尚的东西。此上两种人的看法其实是一个巨大的认识误区。从艺术的角度来看，那些表面上时时变化与闪闪发光的情感的仓库，并非是包含深度或是柔情的仓库。真正的情感应该是冷峻与淡定的情怀。在某个领域出类拔萃者，必然要牺牲掉他们本能中的另外一些天性。在积淀的情感下面，是岿然不动的智慧力量，一种看待事物本质的能力，正如一位刚正不阿的法官，面无表情。正是这种岿然不动才让一些艺术家成为杰出的商人，时刻把握时机，把自己的商品卖个好价钱。对于那些以语言为艺术媒介的艺术家而言，这种“冷面铁心”并不像其他方面的艺术家那么容易察觉。因为他们有妙笔生花、给人留下深刻印象的能力，还有一种实际上是肤浅的想象模拟能力。伟大的艺术家的伟大之处就在于他们能够在其作品中暗示某种情感，而这种情感的厚度是他们自己也难以估量的。

有时候，我觉得虽然女人对物体有很强的感应能力以及敏锐的直觉，但却很少能达到艺术的最高峰。个中原因是她们缺少那份淡定从容以及性格中的一种强烈的自我主义，而这种特质在男性艺术家中是很常见的，这种特质几乎是取得艺术最高成就必不可少的条件。男性艺术家全然相信自己所从事的艺术创作的价值，然后全身心地投入进去，把艺术当作自己生命的某种目的，仿佛生命就赋予他这个目标。他坚信自己所有的经历或是自己与别人的所有关系、所有的情感都必须要服从这种艺术情感之中。这可以深化其艺术在社会的接受度，显现出他心目中的世界所具有的重要意义。这种理想是一件高尚与神圣的事情，这可让一个人纯粹与勤勉地生活，为此作出任何的牺牲，忍受苦难。当一切尘埃落定之时，构成祭台上的牺牲品赫然耸立在他的自我印象面前。而对于女性艺术家而言，则是很不一样的。她们心中最深沉的思想是（我个人可以很感激地说），就是她们对别人具有强烈的奉献之情，一种浑然忘我的无私之情。因此，她们的目的就是要帮助、鼓励、同情别人。她们的艺术天赋服从于更为深远的目标——一种给予与奉献的欲望。那些在心中有此般激情的人是不会相信艺术是世上最有深度的东西。这些人更喜欢漂浮在死寂一般池塘里盛开的百合花，她们觉得百合花是清新淡雅的，象征着某种神秘。但是所有这些皆源自生活，没有哪一种东西能比生活本身更具深度与真实。

妄想让自己潜到比自己个性及艺术气质更深的领域，这是徒劳无益的。一个人应安于其自身所具有的某种审美能力。我们要明白，“清水出芙蓉，天然去雕饰”——这一高级艺术的特征，只能在带着坚定以及不计后果的信念，以及一种对艺术就是最高目的的笃信方可达成。而对于那些旁观艺术领域但又挚爱艺术的人来说，他们能看到艺术家美好的梦想，看到他们追求的真实及纯洁，觉得人生还有一个更深层的神秘之处，在那里，艺术也只不过是一种象征，或是证明其存在的有力证据罢了。也许，艺术家有这种想法，本身就会削弱其在艺术上的造诣。但对我来说，那些把主要的兴趣放在一种表达的快感之上，或是在兴头之上，挥就一段华丽的句子来将自己内心的思想完美且细致地表达出来的人，在思想的极限内，享受那种最高级的乐趣，这对沉迷于艺术之人实在是一个既可怕又强大的诱惑。一种思想、一幅美丽的画卷以一种无法阻挡的力量及其内涵冲进我们的眼睛、脑海以及心灵。因为上帝营造了这样的一幅画面：在瓷一样的夜空上流动着一抹浅绿，下面则是黑森森的树林，一颗星星在浓厚的云翳中挂着——带着某种情绪去看，这是不错的，觉得这是上帝意志最可爱的作品之一了。人们会产生一种想要抒发情感或是简单地描述一下这幅情景以及其唤起的欢乐，这都是以一种甜蜜的哀痛涌入心间，一种难以抗拒的神秘力量。若是某人能享受到少许这般永恒的神秘，然后再将其记录下来，把这种欢乐与人分享，也就不枉此生了。但随之而来的是，自己会慢慢地觉悟到这并非是终极的目的，在上帝的宝库里，还有更多深沉与甜蜜的秘密有待揭开。在屈从于某些身体本能所获得的乐趣之后，就会觉得一股恐怖的阴影悬在头上。因为，他那通往更为渺远与神圣真理感知的内在眼睛被蒙蔽了。最后，他就会相信，人们是应该按时休息与工作的，然后将自己的时间与精力投入到如何完美地将这种情感表现出来。在通往天国的大门豁然敞开之前，我们要尽量拓宽自己灵魂的深度，笃信艺术也只不过是让人忠于自己的一种途径罢了。

无论你是否有幸具有某种表达的特殊天赋，人们始终都应以一种艺术的眼光去看待自己的生活。我并不是说，每个人都应对人生的艺术面过分高估，或是把自己的个人情感置于那种无私的有益用途之上。我的意思是，一个人应注重感知的层次、行为的举止、思想的档次、品行的优劣。人们不应被大众舆论牵着鼻子走，人们的思想也不应由其所处的社会地位所决定。我们应对别人进行仔细的观察，对别人的过人的常识、旺盛的精力、忠诚、友善、正直以及原创性予以欣赏，且不论这些素质是以多么谦卑的形式表现出来的。人们应该与世俗陈规作斗争，真心欢迎美好的事物，无论这是自然之美或是各行各业的人们所表现出来的真诚与纯粹的人生。我经常听到一些囿于常规的专业人士这样说，他们认为对一些公爵或是公爵夫人出言不逊，这好像他们是在表达一种充满男子气概的独立情感，仿佛那些身处高位之人就必定是丧失了简朴或是真诚之人。这种态度是很无趣与让人反感的。正如公爵也会认为，在洗衣妇之中，不可能存在有良好教养或是端庄的举止。事实上，在那些穿着绫罗绸缎的达官贵人与那些布衣披身的洗衣妇之中，美德的闪光概率是相差无几的。我们唯一正确的态度就是在共同人性的基础上，在人与人之间开展简单与直接的对话。只有在相互了解之后，人们就会在那些达官贵人之中发现那些具有简朴、柔和、正直等美德，也会发现在他们之中也有许多墨守成规及自高自大的人；而当这些达官贵人能对洗衣妇有一个客观的认识，也会在这些人之中发现真诚、坦率与细致等美德，同时也会同样发现一些自大自满以及囿于世故的洗衣妇。

当然，任何一种特殊的生活环境都可能让人内在的缺点被放大。但我们敢确定一点，若是我们从一开始就没有这个本性，环境也是很难起到作用的。比如，我在这里疾呼的是需要某种艺术感觉，这种感觉应该要有目的与有意识地培养。若是某人是在世俗枷锁的环境下成长的，要想摆脱世俗的枷锁并非易事。但从我个人的经验可知，单是一种对简朴与真诚生活的渴求所产生的动力，就足以改变一些东西。

那些参与教育的所有人，无论是用一种直接或是间接的方式，无论是专业的教师还是普通的家长，他们都应认识到培养孩子对其所爱事物的一种艺术感，这是一种神圣的责任。他们应让所有人，无论是处于高位或是平民，都应以一种简朴的态度、缜密的思考去想这个问题；他们应培养孩子敢于表达自己的想法，同时对别人的观点也能予以尊重；他们应让孩子不盲从别人，除非自己相信别人有足够的理由；他们应让孩子勇敢地避免那些恶毒的流言，而非对别人有趣的讨论也退避三舍。若他们不知道该如何去做，只需对孩子进行循循善诱，具有这种心智的简朴与平和的独立力量，离幸福也就为期不远了。最后，他们应在言行上践行同情，允许不同的性格或是品位生长，不要尝试按照自己的兴趣去塑造孩子，而应鼓励他们去发展属于自己的性格。要真正做到这一点，需要智慧、技巧以及公平。我们责无旁贷，必须要尝试这样做。

人们经常会感到自己的人生越活越没劲，其中的一个原因就是我们不加分辨地接受了世俗的责任与所谓的操行标准，然后就盲从它。我们忽视了自己的兴趣、热情、生活之美。在我作为一名教育工作者的生涯里，我可以坦诚地说，当我明白了这些道理之后，整个人都为之焕然一新。我认为对待学生以强迫、改正或是迫使等手段是错误的。当然，在特殊的情况下，还是必须要用一些强硬手段去执行的。但在获得了与男孩子打交道的一些经验智慧之后，我认识到，大方地给予他们一个简单的赞赏，大声地鼓励以及坦诚相待，比任何严格压制的手段效果都更好。我开始意识到，热情与兴趣是会传染的，这可让我们真心地去感悟一些即便自己并不感兴趣的东西。当然在这个过程中，我也犯了不少错误。毕竟在教育领域中，人们所走的那条路的方向比在那条路上走的快慢更为重要。

我想自己的观点已经偏离到教育领域了。但这只是表明运用艺术培养的方法是如何应用到一个与艺术无关的领域的例子而已。毕竟，以下这个原则是很清楚的：人生只要肯下一番功夫，就能变得更加美好。生活中真正的丑陋之处不在于境况，不在于有无或好或坏的运气，不在于悲伤或是欢乐，不在于健康或是疾病，而在于我们对自身所有的阅历都采取一种先入为主的态度。任何出自上帝之手的事物都具有我上面所说的性质。我们的任务就是要从偏见，错误的判断以及苛刻、冷酷——这些人性中显现的丑陋一面的枷锁中挣脱出来。想象一下，一个人遭受到各种无情的疾病、无尽的耻辱与失败折磨的情景吧。在耶稣基督的面前，谁能否认这样的境遇就不能在生活中结出高贵与美丽的事物呢？这也是基督这一例子在世界上所遗留下的最高价值——他的那种绝对完美的本能。他与所有的人面对面地接触，以一种绝对的坦诚、绝对的怜悯、无与伦比的洞察力而践行。他在每时每刻怀着悲愤与羞愧之情疾呼，呼吁人类不要向自己低等欲望低头，不要让偏见、自满等去制造不幸；他包容弱者，从不憎恨任何人，出现在那些身心遭受重创的人面前，带来上帝的光芒；若他不去传播上帝的旨意，他就可独自背负着尊严、耐心与信心；他向世人证明了，没有什么是不能忍受的，人类的精神能以不可战胜的简朴之心，从容面对 切险阻，并且能以一种亘古长存之美去赞扬他，证明这的确是沾满神性的。

第八章　浅论“自我中心主义”

如果自知之明也算是自我主义，那么在某种程度上，我们还是要变得自我中心主义的好。我们必须要审视自己的能力，全力地发挥它。但在上帝的威严之下，在整个宇宙浩渺与深远的构造过程之中，我们不得不深感谦卑。同时，我们也要相信，在那错综复杂的感觉、诱惑、不幸或是失败之中，我们必须抬起谦卑的眼神，忠实地做最好的自己，希望自己能成为有价值之人。我们绝不能自满，而要谦虚且勤勉。

我有一次这样的经历，这虽让我有点不安，但却是有益身心的。这让我从镜中看到了自己生活及性格的影像。我想，每个人在他们的一生中，至少要有这样一次了解自己的经历。在某个走廊或是楼梯上，看到有一个人朝你快步走来，然后惊讶地发现有一个人正从镜子的一边走向你。而这个陌生人就是你自己。这是不久前发生在我身上的一次经历。对于自己所见到的物像，我却是高兴不起来。

事实上，某天，我与一位脾气有点暴躁的朋友在争论某一个问题，他的脾气突然莫名地飙升起来了。他对我说了一些很私人的看法。刚开始，我还不明白其真正的含意，但我现在回过头想起他的一些批评，觉得几乎都是很中肯的，只是在批评的过程中夹杂着浓浓的火暴脾气所散发的硝烟味道。

对于朋友说了些很激烈的话语，我感到些许遗憾。因为站在一个热情友善的朋友的角度来看，知道别人对自己没有什么好的评价，这绝不是一件让人感到愉快的事情。但在某个方面上，我又感到很高兴，因为他对我说了实话。可能除此之外，没有其他途径可以让我认识到关于自己的这些真相了。若是这位朋友能语气平和地说出他的想法，无疑他的话语就蒙上了一层“糖衣”，让人听起来不会那么的刺耳。

在这里，我不会详细地记述朋友对我的批判。但他给我定的“罪名”是犯了“自我中心主义”。而“自我中心主义”又是人们经常犯的错误，特别是对于那些独身或是未婚者而言，更是如此。在下文，我会就如何纠正这种缺点谈一下自己的几点思考，即使不能让人们接受，也希望能从中有所借鉴。

我以为，那些以自我主义为中心的人，认为整个世界都是他的陪衬。而与这种人形成鲜明对比的另一种人，则常常认为自己只不过是人类这个庞大系统中一个小小的单位而已。自我中心者的一个很明显的特点就是把自己看得过于重要；而与此形成对比的人所犯的错误就是不能充分认识到自己的重要性。自我中心者往往是那些个性鲜明，有强烈的追求、敏锐的洞察力以及广泛兴趣的人，他们那急切的性情是为了按照自己的理想而孜孜不倦地去构建自己的人生。正是这些人往往向别人伸出援助之手，也是人类不断向前进步的希望所在。那些温顺、谦恭及腼腆之人，他们往往接受固有的现实，走老路，很容易被别人的话语说服。他们时时小心谨慎，同时也易于屈服，不敢有所突破。我想不用说，这种人往往会走那条阻力最小的路径，他们甚至比不上墙上的砖头或是溪流的流水那么具有主动性。下面的一些思量是给予那些有一定才华、强烈冲动、坚定信念以及有执着追求的人。我也试着给这类人实践自律一些建议。这样，他们也许就可认清自己或是将此适用于自身的性格。

首先要谈的一点是智力领域的自我主义。我之前也说过，这类人的问题在于他们对别人缺乏怜悯、包容。要解决这一点，首先就必须抛弃可称为“狭隘的宗派主义精神”。我们要认识到，绝对的真理绝不是任何信仰、学校乃至国家的有益财产。人类的整个历史进程带给我们血的教训就是，这样做绝对会带来危害的。当代与古代的一个很大的区别就在于科学精神的滋长，证据所具有的意义及价值被提升。世界上有很多看上去铁板钉钉的事实，譬如，2+2=4，而不能等于5。当然，按照表达的规则，我们不能说2+2产生5，而是等于4，而2+2之和为4，这只是描述相同现象的不同的表达方式而已。而其他许多事情就没有像这个例子那么的肯定了。比如，在实际生活中，许多事情就是如此。若某人有两万英镑在委托人手上，委托人的责任就是按时给他一些利息，那么他就可名正言顺地花费一部分收入。但他不敢肯定，任何时刻这笔钱都完整无缺地在那里。因为委托人可能携款潜逃，而他可能还不知道呢。自我主义的一个硬伤就是，他们把科学上的一些"定论"看成唯一的定论。而他们要迈向宽容大度的第一步则是要放下这些成见。他要明白，一位达观者首先不能在臆想中猜测，而是认清别人所称之为"实践定论"——换句话说，这可以证明"实践行为"的保证——无论他的观点的层面是高是低。对于那些过于活泼好动之人，他们要做的第一点是要坚决阻止烦躁的倾向；要认识到可能在他眼中是不合逻辑的观点，在别人看来则是正确的。他的任务并非要去指责别人认为是正确的东西，而是要界定并限制自己的想法。我们可以通过站在别人的立场上，有智慧地表达同情与理解。我们必须要坚决抵抗与别人在见解上产生争论的诱惑。争论只能增强对手对自己观点的固守。我可以很坦诚地说，我从没见过一个智力超群之人是会在争论中改变自己的主意的。我想，所有人都应把对别人的不同观点作一个合理客观的评价，这是我们的一个责任。我们应当尝试去了解别人，而不应去说服别人。

到此为止，我已经谈论了智力层面上的"自我中心主义"。我想稍微总结一下：每一位有思想的人或是想在智力领域上避免自我主义的人，他们都有责任培养称之为"科学精神"或是"怀疑精神"去权衡的证据，而不要无凭无据地形成自己的观点。这样就可最大限度地避免自我主义的害处。因为自我主义是一种“惟其荒谬，所以我信”[①]的思维怪圈。因此，哲学家在看待事物的时候，不应将任何事情都视为理所当然，应该时刻准备在真理面前放弃个人的选择。在智力领域上与别人进行交往，我们的目标不能是去说服别人，而应让人们说出他们的观点。我们要明白一点，若是某人不自愿改变其观点，世上没有第二个人能做到这一点。因此，我们在执行的时候，不应去攻击别人得出的结论，而是应耐心地去寻找其结论所依附的证据。

在智力领域上犹豫踟蹰太久，这也是很危险的。另一种精神领域可以称为审美领域或是神秘领域。接下来讲一下审美领域中的“自我中心主义”。哲学家的职责从一开始就要认识到，从根本上来讲，对美的感受是属于个人的事情。而那些所谓的“高级”品位的标准也是时时在变化的。在这一领域中，教条主义的危害甚巨。因为，当一个人沉浸于某种让他心驰神往的美感之中，他可能就会认为世上除了自己感受到的这种感觉之外，再也没有其他了。那些希望避免在此领域犯下自我中心主义的人应努力认清正确的观念，并且在任何情况下都要坚持执行。他们要认识到世上有一半或是一半以上的美都是岁月沧桑、虚无浩渺所带来的美感。在审美领域中，人们往往会去嘲笑或是蔑视那些刚刚“过时”的“艺术”。举一个简单的例子来说吧。在维多利亚早期，人们的装潢风格看不上安妮女王时期的古板与简朴的装饰，而大众也普遍认可这种华丽的洛可可式的维多利亚早期的艺术。一个时代过去了，维多利亚早期的艺术品被无情地抛

① 原文是拉丁文：Credo quia credo。

弃，而安妮女王时期的艺术品则重新占据人们心中的地位。而时至现在，种种迹象显示许多维多利亚早期的艺术品的鉴赏家对此也是持越来越宽容的态度。事实上，两者间都不存在时人所认为的那种绝世之美。我们要关心的是艺术的进步与发展，而最为危险与颓废的状态就是要回到之前的一个时代，而不是创造出属于我们当代的风格。那些想要避免在审美领域中犯自我主义的人不应该对艺术品定下好坏的区别，而是要认识到自己应有一种坚定的认识，并且在感知之时，坚定地执行就可以了。对其而言，尽可能生动地描述对美最真切、最敏锐的感知。真正有价值的美就是被人以坦诚眼光去审视的美。这其中的秘密在于放下心中的戒律，不妄下评论，对别人指指点点。要知道，争论的胜利总是站在那些赞赏之人的一边，而不是批评之人的一边。而欣赏别人的能力胜于任何鄙视别人的能力。

现在，我们要谈谈第三种，也是最难以捉摸的一种，我将之称为神秘领域。在某种程度上，这有点类似于审美领域，因为其组成部分源于对事物在伦理道德上的审美。而那些个性活泼好动之人最易犯的错误就是让其个人偏好成为其指引，看不起别人的品质或思想方式等。这时，他所要做的其实就很明显了，那就是要坚决地回避对别人的这样一种批评态度；避免尝试去解开金钱、高贵、纯洁、力量以及坚强的联系；对这些性格或是观点的追溯不能只是满足我们的好奇心与肤浅的追求。达观者并不与那些志趣不投的人打交道，因为这种行为是在浪费自己的时间与精力。但谁也无法避免与那些不同性格的人交往。而此时，哲学家的任务就是要去了解他们，真诚地与他们展开交往，而不要夸大双方的分歧点。例如，若是某位哲学家走进一群只是喜欢谈论汽车术语之人或是发生在高尔夫商店的事情——我之所以选择这些谈话内容，因为对我来说，这些话题是最无趣的——他并不需要跟着去谈论高尔夫或是汽车，他也不需要只是谈论自己感兴趣的话题，但他要尝试去找到双方的共同领域。这样，他在与高尔夫球手或是汽车专业人士交谈时，双方都不会感到无趣了。

也许，有人认为我已经偏离了神秘领域，但实际上我并没有。因为人与人之间的关系，在我看来就是属于这个领域的。对某种气质产生的一股莫名的亲切或是厌恶，难以言表却又无法去否认的事物被我们称之为“魅力”，性格的吸引或是反感——所有这些都是属于精神神秘领域的范畴。直觉与本能所属的领域要比智力或是审美领域都更为强大、更为重要与更为普遍。更进一步，有一种最为深切的直觉，就是人类精神与造物者原始动因的关系。无论这种关系的直接性是否取决于每个人的自身经验，但也许有两件事是每个人都绝对会感知到的，那就是他对自己的认同以及对存在于身外一股控制万物的力量的感知。这就存在一个最严重的问题：每个人都应该控制自己的偏好，限制或是界定对发源于他的那种感知到的力量。最为神秘的在于信念，这无疑地植根于人类的精神之中，也许这也是一种可以分辨上帝的种种冲动的本能。我相信，冲动的本能是发源于上帝，而冲动则是源于自身。无可争辩的一点是，多数人类都有遵循仁慈、无私高尚的冲动，仿佛是在遵循上帝的旨意，但是向残暴、感官、低等的冲动屈服则是与造物者的意志相悖的。对于这种直觉，许多人都是深信不疑的，尽管没有科学上的证明。事实上，尽管我们相信上帝的意志是站在善的一面，但他设置了许多障碍或是允许重重障碍的存在，铺在那些想行善之人的路上，这一点也是毋庸置疑的。

我以为，在第三种领域中，我们提高胜算的唯一方法就是要有一种平和与虔诚的服从。当上帝给我们带来欢乐、平和时，当他让我变得勇敢、目光远大与公平时，服从上帝的意志并非难事。而困难之时就是当他让我们经历磨难、疾病、痛苦时，或是当他让我们深感罪孽深重，甚至没有给我们反抗的能力时，要我们去服从他的意志就显得困难重重了。但我们必须要忍耐，必须要去了解痛苦所具有的价值、失败的真正含义、落魄的重要性。也许，我们也可以将之当成是另一种“披着羊皮的狼”的自我中心主义的诱惑，让我们去认识到自己也只是上帝广博心灵中的一部分。若是我们不这样做，就只会把自己当作上帝的偏心或是忽视的牺牲品，这真的是一件让人绝望的事情。

如果自知之明也算是自我主义，那么在某种程度上，我们还是要变得自我中心主义的好。我们必须要审视自己的能力，全力地发挥它。但在上帝的威严之下，在整个宇宙浩渺与深远的构造过程之中，我们不得不深感谦卑。同时，我们也要相信，在那错综复杂的感觉、诱惑、不幸或是失败之中，我们必须抬起谦卑的眼神，忠实地做最好的自己，希望自己能成为有价值之人。我们绝不能自满，而要谦虚且勤勉。

我认为，在对上帝无条件顺从这一方面，我们做得还是很不够的。事实上，当我们把自己的意愿尽可能与上帝的意志相和谐时，就会惊讶地发现，这可以重燃自己内心的宁静。

不久前，在早春料峭的一天，我独自一人在田野与村庄之间漫步。当时，自己的心绪与思维还是有点神经质，心中的焦虑感无从倾吐。果园里盛开着白色的花朵，树篱上的一枝红花“出墙来”。在一段短暂而愉快的休假之后，我又重返工作之中，一想到工作就要带来烦人的心绪，心中隐约有一股压抑之感。我走进了一座大门敞开的小教堂，阳光洒了进来。教堂里装饰着数目繁多的鲜花。若当时自己心情不错，这一定是一个甜美的地方，充满了宁静与美好的神秘之感。但于我而言，这却是静寂无声的。我心中因为自己所念之人乖戾的行为而感到烦恼。突然，心灵中一股浓烈仁慈的思想让我沉浸于上帝的心灵之中，我不再掩饰自己的柔弱与忧愁，不再祈求自己的担子能轻点，而想最充分地承受上帝意志的安排。

此时，我找到了自己为之苦寻的力量。虽然包袱的重量没有减轻，但心中升腾起一股更为深沉的静谧，一股让我为之忠诚地忍受的愿望。花朵的芳香夹杂在一起，好似我的誓言所散发出来的一股幽香。古老的城墙仿佛低语诉说着耐心与希望。我无从追寻让我心灵为之平静下来的平和心态来自何处，但看来并非源于自身那烦忧的心情之中。

毕竟，奇妙的是在这个神秘的世界里，身外的事物没有太多的自我主义。想象在一个狭小的空间，一个装着骨头与皮肤的小笼子，这就是我们精神囿困的地方，就如一只拍着翅膀的小鸟无从自由翱翔。让我觉得震惊的是，许多思想并非给予自己，而是献给了他们的工作、朋友与家庭。

事实上，治疗自我主义最简单、最为实用的方法就是坚决压制自己之前想要公开的想法。我们最好将这看成一种美德，而不要视为一种宗教原则去遵守。人们不想让别人变得冷漠。所有人都不希望感受到的兴趣与怜悯是受枷锁限制的，只是能在一个小的范围里来回蹒跚。他不想让别人压制其个性，而是想把自己同别人好好地对比一下，更不是把某种个性作为自己的标准。有可能的话，让自己变得大度，同时广交朋友。若是做不到这点，至少要尽可能有意识地这样做。这就是朝着正确的方向前进。我们可迫使自己对别人的一些品位或是爱好产生兴趣；我们可以就此发问，建立起双方的关系；我们都可用来提升的一条方法就是让自己去做之前怯于去做的事情。许多人在结婚之后，就会以一种自我关怀的方式去做。他们以自我主义的理由结婚，在婚姻的“围城”里，互相关爱，在他们有了成为父母的体验之后，这就给予了他们所需的刺激。但即便是最无助的独身者，都可以与别人建立起某种关系，扩大与别人的交往。毕竟，自我主义的形成与持某一个坚定观点的关系并不大，与我们追寻目标的意图就更不大了。狗是所有动物中最具人性的，而且时时追随着主人，但却是最没有“自我中心主义”的，也是最富有同情心的动物之一。自我中心主义经常寄居于一种骄傲的索居之中，以及对别人的观点及目标皆蔑视的一类人中。一般来说，最成功的人都不是那些自我中心主义最严重的。我所知道的最为“死忠”的一位自我中心主义者是位未成气候的文人，他总是对自己那半生不熟的作品的重要性有着可悲的信心，没有哪种反对或是别人的冷漠能动摇得了他。但同时，他对别的作家的作品则是恶语相向。有时，我觉得他的这种情形应归于一种心理疾病的范畴。因为他对除了自己的作品之外的其他所有作品都一概不留情面地批评。医生可能会说，这位“无可救药”的自我中心主义者实在是近乎精神错乱。但在一般情况下，一点小的常识及礼貌就可压制这种表达的冲动。如果人们认识到形成一个固定的观点是世上最廉价的奢侈，那么不留情面地将其表达出来所要付出的代价则是最为昂贵的。也许，最难治愈的一种自我中心主义，是那种融合了恭敬的礼仪，在表面上展现出对别人怜悯的自我主义情绪。因为这种类型的自我主义者几乎不会遇到让其认识到自己缺点的机会。这样的人若具有一定的天赋，通常能取得非凡的成就，因为他们以坚持不懈的态度去追求理想，并且在不打扰别人的情况下，很有技巧地去实现自己的目标。他们忍受在常人眼中的无聊时间，他们的思想周到与缜密，从不将自己的观点强加于人，他们精力旺盛；若是失败，他们也不会在悲伤之中打转，只会擦干洒下来的汗水，继续出发；在某处受到了阻滞，他们就会静静地绕道而行，然后继续其追求的过程；他们心中执着于自己的事情，从不被世俗扰乱思绪，即便他们慷慨的冲动都要精心地营造出一种艺术效果。他们与那些性格温顺之人一道来到这个世界，而他们的成功看来也是上帝所认可的一个标志吧！

但除了成就平平之人所要采取的明确步骤之外，在治疗自我主义中，对所有的缺点疗效最佳的，就是一种想要与众不同的谦卑愿望，这是世界上最具改变的力量。我们可能失败一千次，但只要我们对自身的失败善于正视总结，只要我们不绝望地听天由命，只要我们不去尝试展示其他的美德来安慰自己，我们就仍然走在朝圣之路上。所有的错误都是无关紧要的。今天，我看到一群孩子在玩耍，一个让人稍稍觉得讨厌的孩子，他是整群孩子中最为笨拙与最没能力的。在全部的时间里，就是他一人爬上一个阶梯，然后就从阶梯上跳下来。他恳求其他的孩子都过来看他的表演。其他的孩子跳得比他远两倍以上，但孩子们还是如天使般地具有耐心，同情这位“可怜”的孩子。在我看来，看到许多人在生活中都做着类似的炫耀，真的不禁感到一股悲哀。那小孩子没有顾及别的孩子的感受，他只是重复那可笑的表演，然后就想获得别人的赞赏。我的心中想起一首很适合描述这个场景的诗歌，奇妙的是，这首诗是出自一位“资深”的自我中心主义者——考文垂·巴特莫尔[1]，他在诗歌中是这样祷告的：

啊！何时我们才能安躺
于死亡之中，没有烦忧。
你记得我们寻求的欢乐
所用的各种玩具。
我们对你那些神圣与美好的认识
是多么的浅薄啊！
然后，你以仁慈的手，
用泥土塑成了我。
你留下一串花圈，然后说：
“真为他们的幼稚感到可怜。”

行文至此，我要结束这个话题了。若我们能忠诚地为之奋斗，若我们能试着改变自己与鼓励别人，若我们能做到这一切，就可达到一个原先看上去不可能的境界。但当我们迷惑时，就像小孩拿着一团难以解开的绳线或是把一个摔坏的玩具傻傻地拿到保姆面前。我们不能再像往常那样抛开存在的问题或是迷惑，将之放在上帝的膝下。我要说，我们一定不能这样做。因为，我实在想不出比上面所说的更为有效与简单的方法了。

① 考文垂·巴特莫尔（全名：Coventry Kersey Dighton Patmore，1823—1896年），英国诗人与评论家。代表作是《屋中天使》（The Angel in the House）。

第九章 论“教育之道”

摆在我们教育者面前更为艰巨的任务是，当我们具备了要把学生培养成有用之才的观念之后，还要尽可能地唤醒学生的灵魂。我并不是指一种伦理道德意义上的精神，而是一种对美有着良好的感知的精神，对高贵、真实及伟大事物慷慨的赞美。

我之前也说过，自己曾在公立学校任过校长这一职务将近二十年。现在，当我坐下来静思回想之时，对我所做的一切真的感到很悲哀。

我们学校的模式都是一种严格的古典学校模式，即在学校里所有的学生几乎都要“被迫”专长于古典文学，无论他们是否有这方面的天赋。我们把许多科目塞进一个称之为“课程”的东西里，但我们的本意并非是要拓展教育的层面，或是给予孩子们一个可以从事他们感兴趣工作的真正机会。这只不过是对公共舆论的一种妥协罢了，为了让他们以为我们真的是在教给学生一些有用的知识。我们整个教育系统就像一台庞大复杂的机器。学生们要努力学习，老师们也被弄得过度操劳。整个机器在发出嘶嘶声，各个部件在猛烈地撞击，牢骚的咕哝之声不绝于耳，像一个蜜蜂在嗡嗡嘤嘤。但真正能给予学生的教育则是少之又少。以前，看到一群眼睛炯炯有神、聪明与充满活力的学生一批批进入学校，如饥似渴地学习着，我是深感欣慰的。他们屏神静听着让他们感到惊奇的事情，时刻准备发问——我常常会发出这样的感慨：他们真的是一群很有天赋的学生啊，可塑之才啊！而在另一方面，却看到一群脸带微笑与保守的学生，他们衣着整齐，举止得当，让人觉得很有礼貌，怀着一丝幽默感离开学校。但他们是“不带走一片云彩”啊，没有一点的知识储备，没有找到自己的兴趣爱好。事实上，他们还对此十分厌恶。我并非是夸大其词。我可以很坦白地说，在这群学生中，有不少也是接受过良好教育的，但这只是相对于极少数对古典文学有天赋的学生而言的。对于这样一个古典文学的教育模式，真可谓是伟大，其他繁多的科目挤在一起显得很是臃肿。在这个教育模式之下，教育的重点被放在了古典文学之上，学生缺乏发展自己的机会，而老师也没有足够的时间去教，这真是一幅让人深感忧伤的画面。这样的结果必然是盛产智力上的愤世嫉俗者。

让人觉得遗憾的是，这台机器仍旧在那里不停地运转着。一个看似将老师及学生都囊括的“快乐”工业，整体上却是僵硬得让人寒心，部分原因是因为科目的繁多，还有一部分则是那迂腐的教学方法。

更为重要的是，为了给极少数有这方面天赋的学生提供一个古典文学的教育，其他的一切都被牺牲掉了。学生们被硬性规定要学习古典文学，但教学却并不是按照文学的方法，而是以一种学术的方法去执行，好像这些学生长大之后一定要成为文学学士或是这方面的专家乃至教授。他们不是让学生阅读一些有趣与文字优美的书籍，而是试图在一个宏观的范围内，让学生们学习一大堆让人反感的条条框框的语法。学生们美好的时光就浪费在用拉丁文或是希腊文的写作过程中了，而此时的学生仍没有掌握什么词汇，对这些艰深的语言没有了解之时，这就好比让一个六七岁的小孩试着去以弥尔顿或是卡莱尔的方式用英文写作。

解决的方法是显而易见的。我们必须全力去简化这些课程，减轻学生的压力。教育的课程中的主要科目应该是法语、简易数学、历史、地理以及一些通俗的科学知识。我绝不愿看到学生们在一开始就要学习那些拉丁文或是希腊文。当第一阶段过去之后，我希望让那些真的在这方面有特殊天赋的学生专注于某一个学科。这样，他们才能取得真正的进步。同时，我们也要给他们补充一些简单的科目。这样做产生的结果是，当一个学生完成某一科目的学习，他就能在一定程度上对这一科目有所了解。他可以学习古典文学、数学、历史、现代语言、科学等学科。所有的学生都应对法语、英语、历史、简易数学以及通识科学有一定的了解。而那些看上去没有明显特长的学生则应继续学习一些简单学科。若是学校培养出的学生能轻松地阅读法语，以符合语法规则写一些简单的法文句子，能对现代历史及地理有一定的了解，掌握数学，并对某个学科有一定的概念——那么，我相信这些学生就可以说是得到了良好的教育。

为什么现在会出现这么多智力上的愤世嫉俗者呢？这是因为，这些人，当他们还是学生的时候，在学校没有学到东西；等他们逐渐长大之后，发觉自己竟然一无是处。他们曾被要求专心用希腊文、拉丁文或是法文写作，而结果是他们无法用任何一种语言来写出流畅的文章。若当时只是要求他们专心学一门语言，情况可能就大为不同。与此同时，他们没有时间去阅读英语，或是锻炼运用英语写作的能力。他们对自己国家的历史及现代地理一无所知。若他们觉得自己对所有学科的知识都是贫瘠或是没有半点吸收，那么，错不在他们。

在我当校长的时候，我尝试了各种教学试验。我让学生们去做 些容易的大纲摘要，给予学生们一些简单的书信，让他们去分析。这样的任务会让那些原本对学习提不起半点热情的学生从中找到乐趣。有时，我会大声朗读一个故事或是一小段的历史逸事，然后要求学生们用自己的话去复述，抑或在讲了一件很简单的事情之后，让学生用法语把他们记录下来，让他们用法文去写书信。这样一个学科就可与另一门学科交叉了，因为他们可用法语来记叙自己在科学、历史等科目所学到的东西。

现在，每一条路——无论是拉丁文、希腊语、法文、数学或是科学等学科，都是以一种风马牛不相及的教学方式来教导的，割裂了各个学科内在的联系。最后只能无疾而终。

而这一古典系统的捍卫者则称，这样的教育方式可以锻炼学生的思维，并且让他们的思维变成一个强大且旺盛的工具，这种说法有根据吗?不可否认的是，对于那些从一开始就掌握了不少知识且对这个学科有兴趣的学生而言，事实的确如此。但是单纯的古典文学教育，正如许许多多的例子所产生的结果业已证明，这对知识基础并不扎实的学生而言实在太难了。同时，我们的老师在教学过程中，也是用一种过于抽象与深奥的方式去阐述一些问题。若是所有教育界的权威都发自内心地认为，无论付出什么代价，都必须要保住拉丁文及希腊语教育，那么，唯一的出路就是必须以牺牲其他一切学科为代价，并且从根本上改变教授古典文学的方法。我并不认为这样是值得的，但相比于现在这个让智力窒息的制度而言，还是稍微有点进步。

事实是，现在教育制度所产生的恶果，给了任何对之进行改革一个名正言顺的理由。我们教育工作者所能倚仗的唯一优势就是学生们的兴趣，而这种兴趣在过去却被无情地牺牲掉了。当我把这些事实说给我一些顽固的同事之后，他们竟说我只是想开一下玩笑，不冷不热地说，若是那样，我们只能培养出比上不足比下有余的“业余者”。但是业余者至少也比现在培养出的一群“野蛮人”要强吧。我所抱怨的是，其实大多数的学生都并非像被我们教育制度要求的那样，成为某个具体学科的专业人士。

而同样让人感到悲哀的事情也出现在有着悠久历史的大学里。在大学里，古典文学也被当作一门必须要通过的科目。而大学在这方面教育所能提供的知识真的是凤毛麟角，这实在让人可鄙。这完全不是真实的教育。在这个教育体系中，没有知识的涌流、求知的欲望或是动力，也没有学生对这门课程应有的兴趣。若是某位崇尚自由的学生试图摆脱古典文学给人带来的难以容忍的枷锁之时，那么一大群貌似认真、保守的人就会从全国各地群起响应，然后迅速占据主流，语气坚定地称：我们的教育正处于危险之中。而事实上，这些普通学生的知识教育却是被这群没有想象力及迂腐之人掌控的学究式“人性系统”给牺牲掉了的。

最让人心碎的一点是，我们对于教育理念方面没有丝毫的真知灼见。我自己在这方面的想法是很简单的。我想，首先应将目标定在将学生培养成对社会有用的人。这样的说法定会被许多教育界的权威公开愤怒地称为“功利主义”，但如果教育本身不能对社会有用，那么，我们最好马上关闭所有的教育机构算了。理想主义者会说：不要担心教育是否有用的问题，只要获得对思维最好的锻炼，让其成为学生们的一种工具；那么，当学生们完成学业之时，他们的心智就自然会开阔与健全，就能做好任何事情了。这听上去是不错的见解。但在实践中却只是死路一条。现在，关于对公立学校的质疑之声在全国范围内迅速蔓延，其中一个重要的原因就是，我们培养出的许多学生都是没有经过足够的智力上的锤炼，甚至无法从事一些很简单的工作。但这些理论家还是会继续高谈阔论地称古典文学教育堪比一个多姿多彩的“体操”之美，而在他们的掌控之下，这却成了千千万万学子的“行刑架”，让他们的“四肢”无法变得柔软与健美，肌肉绷得时刻不能放松，动作是那么的缺乏连贯性。甚至我们古典的教育系统里都是没有任何能让人表达原创能力的动力。我们常常持批评态度，心灵变得很浮躁，只是在表面上尊重那些博学之人，宁愿去选择一位二流的作家，还妄想学习到最好的东西。在这样一个教育系统中，让学生去阅读罗马诗人维吉尔[①]，当然要胜于那些只是对提布卢斯[②]著作重新编辑的教育制度。这些教育制度不是鼓励学生要有自己独特的思维，以自己的表达方式去抒发感情，而这些著名的古典文学作品中那高深的风格及古代用词，都是让人很难理解的。当然，我们不能否认这些著作在推动人类历史进步上所起到的作用。但这些作品不该作为思维锻炼的入门工具。

摆在我们教育者面前更为艰巨的任务是，当我们具备了要把学生培养成有用之才的观念之后，还要尽可能地唤醒学生的灵魂。我并不是指一种伦理道德意义上的精神，而是一种对美有着良好的感知的精神，对高贵、真实及伟大事物慷慨的赞美。在这方面，我敢肯定，我们失败得一塌糊涂。随手可举个例子，这些著名的古典学家还在错误地认为，只有通过文学——更确切地说，是通过希腊与罗马正统的文学熏陶，才能培养出这种美感。我本人对希腊文学怀着深厚的敬意，我认为这是人类思维所结出的最为灿烂的花朵之一。我想让那些对文学真正有兴趣的学生去研读这类著作，这无疑是大有裨益的。而对于拉丁文学，我则不是那么的看重，因为这一领域基本上没有出现一流的作家。当然，维吉尔算是为数不多的

---

① 普布留斯·维吉留斯·马罗（拉丁文Publius Vergilius Maro，根据英文Virgil译为维吉尔，公元前70—前19年），被誉为古罗马最伟大诗人，留下了《牧歌集》（Eclogues）、《农事诗》（Georgics）、史诗《埃涅阿斯纪》（Aeneid）三部杰作，其中的《埃涅阿斯纪》长达十二册，是代表着罗马帝国的巨著。

② 提布卢斯（Albius Tibullus，公元前54—前19年），古罗马诗人与颂歌作家，生平不详。

克莱尔学院　莱尔桥旁边的孔子塑像

克莱尔学院礼拜堂

心灵要以一种开放的态度去敞开那些仍旧紧闭的大门。我们都站在那道门槛上踌躇，虽然我们还不接近；然后，就像夕阳的余晖升腾起希望，这不是通往死亡的墓穴，而是开启了一扇生命的大门。

国王学院的礼堂

基督学院院内礼堂内

我们的恶语伤人、卑鄙、冷漠及无动于衷，这些都是难以原谅的罪恶。墨守成规是倦烦之母，快乐的感觉并非源于物质上的满足，而是在于一颗雀跃的心。世界是一个充满乐趣与美好的地方，自愿且认真地工作，这就是快乐的秘密。

一位。贺拉斯[①]是一位心灵手巧的工匠，但并非文学大师。在拉丁语的散文中，真正适合学生阅读的篇章真是少之又少。西塞罗[②]是一位博学之人，但也不过是在一些抽象话题上能说会道罢了。塔西佗[③]是一位优秀的散文作家，但作品缺乏真情。恺撒[④]的作品则是让人觉得无趣与沉闷。对于许多学生而言，文学欣赏能力的培养并不在于学习拉丁文或是希腊文，因为这些古老的语言好似蒙上了一层帷幕，遮掩了它们其中蕴涵的思想。对不少学生来说，使他们在智力上觉醒的都是源于对英国文学的修习。而对于某些学生而言，则是来自英语或是对异域的认识，这可以通过对地理学的途径去认知；对于另一些人，可能则是通过艺术与音乐。在这两者之中，我们常为后者的一些琐碎的事儿争得不可开交，而对于前者（古典文学的正统地位）则是鲜有触动。我觉得对于人生的动机以及艺术家们所表现的了解本身，并不胜过一位作家的生平、动机或是其作品，即便他本人对希腊作家不甚了解。

我们身为教师的失败之处——而那些对这一系统最为热情的老师往往是无可救药的失败——他们不知道可让自己深感共鸣或是激扬想象力的事，对十众多的学生而言，可能并非如此。

① 昆图斯·贺拉斯·弗拉库斯（拉丁语Quintus Horatius Flaccus，公元前65—前8年），古罗马诗人。

② 马库斯·图留斯·西塞罗（Marcus Tullius Cicero，公元前106—前43年），古罗马著名政治家、演说家、雄辩家、法学家和哲学家。

③ 塔西佗（Tacitus，约55—120年），古罗马最伟大的历史学家，他继承并发展了李维的史学传统和成就，在罗马史学上的地位犹如修昔底德在希腊史学上的地位。

④ 盖乌斯·尤利乌斯·恺撒（Gaius Julius Caesar，公元前100—前44年），罗马共和国末期杰出的军事统帅、政治家、作家。文学上的代表作有《高卢战记》。

现在教育带来的后果可从一些像我这样与整个教育系统一番角力之后，均以失败告终的人——来给予公允的评价。之后，我来到了大学任教，并对这些从高中成长起来的学生有所了解。他们中许多人都是很优秀的，充满了活力。但他们却往往把工作视为一件让人反感的事。他们规规矩矩地去做，从中也没有获得什么提升。他们热衷于游戏，在休闲时，常常谈论这些问题。但是，人们可从谈话中知道他们在智力层面上的发展显得不够，因而陷入迷惘之中。他们中许多人对某个学科有自己的兴趣，但却羞于谈论。他们对于被认为优秀有着一种深深的恐怖感。他们谦恭地听着别人谈论书籍或是某幅画面，深感自己的无知，只能维持表面上的恭顺。对他们来说，这完全不是一个真实的世界。

对于那些勤奋刻苦工作的人，我是深为敬佩的。我的本意绝非是让教育变得马虎或是浅尝辄止。我想提高普通教育的标准，并且强迫学生们诚实地学习。我始终认为学生们学习的热情与兴趣应被放置在第一位的。但我个人的感觉是，若是你对工作没有兴趣或是不存在某种信念的话，那么你持久的热情又从何而来呢？现在许多的公立学校及大学的教育是既不功利，也不注重学生们智力的发展。因为它们的目标就是首先发展智力，接着才是注重功利，结果，哪一个目标都没有达成。

至于能否大刀阔斧地斩断我们现在所深陷的这个让人可怜的纠缠，我自己也不清楚。但我对此并不畏惧。我认为现在的时机还是不够成熟。我认为，仅仅是一些有着先见之明的人提倡的观点，无论这些观点多么鲜明或是多么具有说服力，若是没有底层人们的支持，要想推动这场思潮是很不现实的。单凭个人最多也只是掌握并控制公众舆论，但我并不认为这些人有发起这种舆论的能力。当然，人们对于现行的教育制度存在着广泛且又模糊的不满之情，对现行的教育制度的评价则无疑是负面的，一种不满之情在升腾。这种运动在成形之前，必然会有某些积极的征兆。首先，必须要有对知识的渴望与尊重，这是我们现在亟须的一种思维惯性。现在，公众舆论只是在表明：这一代的学生没有得到很好的教育。而这些学生在经过了正规的教育之后，看上去还是不能适应社会生活。或许，我们不该去抱怨这些学生不能适应社会，而是应为他们在这个教育系统中走出来的时候，仍然是一个有着健康身体的家伙、喜欢游戏，至少在表面上具有男子气概并且谦和而感到万分庆幸。但他们在静下心来的时候觉得工作是令人万分厌恶的，而只是要抓紧从人生中汲取欢乐。这些都是现在普遍存在的。但是那些身为父母的，对于自己孩子在知识的兴趣或是热情上没抱有殷切的期望，这也是难辞其咎的。老师们的目标应是将这种热情传递给学生，通过设计完备的教育形式，引起学生们的求知欲，而不应让学生于一个遥不可及的自我尊严中在智力上活活挨饿。我从来没有说过，那些捍卫古典文学这一教育传统的学者们在这一方面没有崇高的理想，但他们的理想是一个不切实际的理想，与当今一目了然的事实及经验处处相悖。

这样的教育制度产生的后果是，连我们的老师也失去了自信。但我们必须要重拾这种信心。我们要宽容，正如所有那些历史悠久且值得尊敬的事物值得宽容一样。我们自身成为社会秩序的一部分。我们仍有幸还有财富及尊严，但是现在富人们捐献给大学的建筑还有哪些是纯粹用于文学途径的？在我所在的大学里，那些后来兴建的建筑不是应用于科学领域就是用于宗教目的的宗教团体。我们的文学教育正在逐渐失去其活力，这种活力的丧失，只要在你深入其中探视一下，就可窥见一斑。在现行的教育制度下，某位学生在文学上的精通很少受到奖学金与各个团体的青睐。在我所在的大学里，虽然古典文学的传统保留下来了，是指那些想要成为教师的人，都要进行古典文学的考试。但我们严重的失败之处在于，我们对那么多的学生进行这样的培养，可到最后他们为了一场无关紧要的考试就要漫无目的、东拉西扯地学些无用的东西。在这样的教育模式下，不存在什么高标准的要求。我们可以想象一个得到毕业证之后的人，在离开大学校园之时所感到的巨大的空虚与无助。没有人想要为他们去做点什么，或是在某个领域中专心致志地培养他们。但这些毕业生却将要成为我们这个国家下一代的父母啊！而我们扼杀他们心理反抗的唯一途径就是通过让这些“受害者”处于一种可悲的心理状态及智力低等的状态之中，那么，这些“受害者”也就压根不会抱怨他们曾经遭受过多么不公平的待遇了！毕竟，大学没有干涉这些学生在大学玩乐的行为。他们可以随心所欲地结交朋友、玩游戏、过自己喜欢的生活。他们就会觉得，若是可能，将来自己的孩子也该这样的生活。所以，我们这种啼笑皆非的教育闹剧得以从一代人手中传递到下一代手中。读到丁尼生①在60年前写的这首诗歌，不禁让人百感交集。这首诗歌充斥着对剑桥大学血泪的控诉——

“因为你口口声声说要传授知识，
但你所教之物，却无法填饱我们的心灵。”

① 丁尼生（Alfred Tennyson，1809—1892年），维多利亚时期代表诗人。主要作品有诗集《悼念集》、独白诗剧《莫德》、长诗《国王叙事诗》等。

这一点才是我们教育真正的弊端所在：我们没能填饱学生的心灵。我们的教育过于专业，只是关注于方法与细节，盲从我们继承的教育传统。我们仍像以往那样尊敬那些专业人士，而反对与谴责对那种业余与浪漫欣赏的精神。我们仍然认为，若是某位学生对历史一连串的事件有一个初步的认识，他就要精于历史。当然，他也就具备成为教师或是教授的可能性了。但在这里又暴露了我们教育系统另一个致命伤——我们是从专业的角度来培养学生的。在普通人眼中，学生对事物的通识并非是一件值得可喜的事情。一位学生若能认清这些重要的历史人物的推动作用，能够认识到正是无私的爱国之情所具有的宽广视野才是世界前进的途径；能够看到许多专制的恐怖与冤假都是以权威之名去做的；能够看到在早期的一个国家是如何被一种开明的专制统治，直至认识到力量、诚实与真理；若他能看到政治上的煽动只有在追求正义之时才该存在的：若是学生被教授这些东西，那么就可说他认识到一些历史教训了，而那些只是强记历史数据与事实本身的学生则是无法体会这一点的。

而真正的问题在于，我们不知道真正的目标在何处。我们的公立学校与大学系统现在都致力于一种所谓“质朴的心理自律”的标准，但是却不能如实地执行。因为我们在那些长期受这种“智力饥饿”系统之下培养了许多代人，遗传下来脆弱的心理无可避免地对之“妥协”。这一系统的存在真真切切地提醒我在《笨拙杂志》[①]上看到的一幅老场景。一群穷人在吃晚餐，在一间挂满肖像的房间里，还有一位男仆，两个面容枯槁的人坐

① 《Punch》：指英国的《笨拙杂志》政治漫画类杂志。由亨利·梅修（Henry Mayhew）与埃比尼泽·兰德斯（Ebenezer Landells）在1841年创办的周刊，以幽默与讽刺著称。

着。当拿开银盘的时候，原来罩着的是一碟烤鼠。当然，有时为了一个崇高的理想而牺牲一下个人的幸福乃至健康都是不可避免的。而原本该应用在菜式上的资源却浪费在维持一个理想场景上。与此类似的是，我们现在总是在“加菜”，全然不提罩在上面只为维持门面的那个银盘。

一个很能证明公众对这个教育制度态度的例证就是，在过去50年中，公立学校的费用上升了许多，而这些增加的经费的余额全都用于满足学生的乐趣或是体育竞技上了。但有许多公立学校的校长却抱怨没有足够的经费去留住那些优秀的人才来当教授，除非要求这些人对此有足够的热情，放弃个人舒适的生活。看到那些精力旺盛与富有才干的人去选择“民事服务”或是律师，放弃教育事业，虽然我对此见怪不怪了，但内心真不是滋味。现行教育系统的一大失败之处在于，在教育过程中，老师与学生都没有兴趣去进行交流，或是没有哪一些细节能让学生认识到其中的价值所在。而正是这些毫无大志，也没有特殊禀赋的人选择了教师这一行当。因为他们只需将自己已学的知识复制给学生就可以了，他们只是觉得教师这一职业是混饭吃比较容易的途径而已。

我以为，大学也是难辞其咎的。我并不说那些为高尚之人提供的教育，因为这些人通常都是很优秀的。必须承认的是，最旺盛的热情正从文学领域中一点点消逝。但是，一个古老而又过时的人文主义传统却仍旧横行一时，而普通学生的学习则是毫无主干可言，更不用说条理与目标了。在这种教育中，我们又怎能期待学生的朝气与才华迸发呢？这只是依附在我们国家教育系统中的一颗毒瘤。能力平平的学生继续被送到大学里深造，大学却仍是以其一贯的古典教育竖起层层藩篱。那么，这种所谓的现代教育则将继续制造出无能的学生，在谴责这一“现代教育系统”之时，许多著名大学的校长在心中都会默认。我们很少谈到的一点，是这些院系里能力平平的学生表现之差，甚至他们的老师都失去耐心与信心。

有人会认为，以上的这些观点类似于卡莱尔的。而菲兹杰拉德曾说过，他在切尔西就读的时候，很怡然自得地度过了几年时光。他想指责整个世界都缺乏一种英雄气概，但却没能用语言准确地表达出来。这只不过是千千万万个学子没有足够能力表现的其一而已。若是有人问我怎样才能对之展开行之有效的改革的话，我会建议对大学的教育进行谨慎的修改，这应是最有效与最实际的措施。而对于普通学校而言，唯一可行的办法就是让中等级别教育的指导者们制定一个行之有效与简单的课程。若是他们真心认为古典文学是最好的科目，那么他们也要认识到这是一个很庞大与复杂的科目，必须要倾注学生所有的精力才行。让他们坚决地反对功利主义的需求吧，然后把其他所有的科目从课表中一概剔除。这样，古典文学才能被学生们全面与系统地学习。现在，这些教育指导者对功利主义的需要进行着不情愿的妥协，这又糟蹋了他们一直倡导的古典文学教育的成果。他们真诚地相信，通过对功利主义大张旗鼓地在口头上的认同，就可把那些现代科目纳入课表之中。若是能忠实地执行一个严格的系统，也比不上不下的妥协来得更好。当然，如果可能，最好能教会学生所有的东西，但他们脆弱的大脑的容量是有限的。在某个科目上集中全力地教授，要比在众多科目中只是蜻蜓点水般地开展要好上许多。

坦诚地说，我宁愿这个专注于古典文学的旧系统能一如既往地保持其纯粹，以一种近乎无情的标准去执行，这也比现在的大杂烩要好上许多。

但我真心希望，现在要求现代科目的教育洪流能变得无法阻挡。

我认为，整个世界每天都以新的气象展现在我们周围，且这种范围在不断拓展，让人感到惊讶。若是不能让我们的学生的思想与现代精神相接轨，这就是一个让人难以容忍的错误。希腊与罗马的历史当然可以成为现代教育的一部分，但我们想让那些接受希腊或罗马精神洗礼的学生把这种远古的精神拓展到整个世界，而不是局限于两种语言的语言学或是句法的古怪之处。有人说，我们若是不通过对这些文学的阅读，就无法接触到这种希腊与罗马的精神，但如果这种说法是正确的，那么，一个专注于教授古典文学的教育体制又如何解释这一点呢：我们并没有让大多数学习古典文学的学生能对希腊或是古罗马的文学或是人文精神有所接触。我认为那些教授古典文学的老师一定确知，这些古典学校的“产品”都没能对其中的一种语言或是精神有任何真正的见解或是洞察。

如果这个系统培养出的学生果真是如此无能，那么负责教授他们的老师又将情何以堪？！他们可能会说，这种对古典文学学习会锻炼精神与心智，但又有何根据？如果我们看到那些饱受古典文学浸淫的学生能够也同样将精力与激情投入到现代文学、历史、哲学及科学上来，那么我就会成为第一个对这个系统的价值予以认同的人。但我看到的却是知识上的愤青，智力上的低能儿。他们对体育运动有着全身心的热爱，对物质享受有着相当浓厚的兴趣，而对书籍及思想则是嗤之以鼻。我不是说当前的这种教育系统转变的趋势会立即向一个更为简单、开明的教育系统屈服，但现在体制所带来的后果实在是过于负面了，根本无法让人感到满意。因此，我们有理由开展教育试验或是改革。看到许多人对现行体制的屈服与默许，真是让人难受；看到许多学生的精力浪费在完成一件不可能的任务上，又觉得十分的可悲。当然，那些仍然抱着这艘将要下沉的船的人所表现出来的勇气及忠诚，他们幻想着用茶杯倒出“滔天巨浪”来挽救这艘将倾的船只，真的是可敬可叹啊。但人们要想到，这是利益攸关的事情。年复一年，在年轻的一代人中，他们本该在各个领域中出类拔萃，但在一系列的表现中却是让人心寒。这是那些固守着旧传统不放之人所导致的。这一系统的不足之处是所有过来人都知道的，或者用浅白的话说，我们的学生成为了这两种系统相互妥协的牺牲品。一个新一个旧，互相缠斗在一起，新的体制无法即时消除旧体制的影响，而旧体制则拖着新体制的后腿，让其无法全力发展。

这个世界上最杰出的政治才能，绝不是一刀切地斩断与传统的所有联系，而是让传统以一种顺畅的方式纳入新的体系之中。我真诚地希望，现在的亡羊补牢为时未晚。但若是这个问题仍旧被回避、遮掩，如果我们教育界的权威仍旧拒绝进行改革，那么泛起的不满之情将达到连传统连根拔起的力度，到那时，许多让人尊敬的美丽校园将会成为牺牲品。我绝不希望这一幕的发生。我相信会有一个明智的延续，一种适度的改革，这才符合英国人的性格。我们英国人有一种避免纷争的良好本能与技巧，以渐进的方式让改革的范围不断扩大，这就是人们所希望的现存种种不满之处能够得以改良的发展轨迹。但相比于一个错误与压制的系统继续存在，我宁愿看到一场极具毁灭性的力量出现，摧毁一切残渣。只有这样，方可革故鼎新。

大学之窗

From a College Window

第十章 浅谈“作家之道”

日复一日，世界的大舞台挤满了许多有趣与让人着迷的个性、相互反差的性格、幽默的风趣、哀婉的忧伤。当我们走出这些纷繁复杂的物质现象之后，就会被各种神奇的奥妙与难以理解的秘密所包围。时时刻刻出现在我们眼前的奇幻景象为何物？这种日与夜、太阳与月亮、夏与冬、悲伤与欢乐、生与死的转变，所有这些如万花筒般的景致，是为何物？

不时会有一些年轻的文学爱好者问我这样一个问题：怎样走文学之路，最好的途径在哪里？若是询问者很坦诚地说他只想通过此道混口饭，我总会语重心长地说：实现其理想最佳的途径就是赶快找其他的工作。无疑，写作是世上最让人愉悦的事情，但前提是不能以此作为生计。事实上，若某人真的具有文学天赋，那么很少有其他的工作能给他足够的时间沉浸在这一最为有趣与纯粹的爱好之中。有时，这种早年的冲动是毫无缘由的，然后就随着时间的流逝干枯了。但如果在经历某段时间之后，他发觉自己内心还是充满着写作的欲望，并且感觉自己有意识地去尝试这种让人为之心醉的艺术之时，那么此时的他才可正式将写作当成一种职业，但他还是不能希冀从中有过多的金钱回报。一位成功的戏剧家可能会赚上一大笔，一位一流的小说家或是新闻记者可能都会有不菲的收入，但要想在文学上获得一定的声望，好的运气甚至比天赋乃至才华更为重要。写作能力本身，甚至是高级的文学才能，都是远远不够的。作者必须要紧跟时代的潮流，写出满足人们特殊需求或是适合时代口味的作品。但对于那些一心追求纯文学或是一种纯粹与简朴文学的作家而言，他们就很难凭此道来养活自己。除非他们乐于这样，并且有足够的精力去粗制滥造一些作品。他必须随时要写一些文学评论与介绍，偶尔还要做些文学审阅、编撰及选题等方面的工作。若他要依靠这些工作来过活，那么很有可能他的内心就难得安宁悠闲，无法感受到优秀作品所带来的成就感。约翰·爱丁顿·西蒙兹曾做了一个统计，在他公开的信件中表示，他受聘编写意大利文艺复兴时期历史这份工作的工资每年只是以100英镑的速度递增。在这些工资之中，也许有一半的金钱要被用于购书、旅行或是一些临时性的花销。由此所得的结论就是，若是一位作家没有其他途径的收入或是一副足够硬朗的身体足以让他能一边从事文学创作，一边参加其他职业工作，那么他是很难再有精力去从事纯文学创作的。

在今天这个时代，文学俨然成为一种时尚的追求。格雷拒绝领取自己出版书籍的稿费的时代早已一去不返了。现在人们觉得像他这样只是为了愉悦自己而写作的人是古怪的。自从罗克比的继承者在一张权贵的全家福中发现，在墙上挂着小说家理查德森的照片，并且精心用一些佩饰装点。这是想把这张照片变成罗伯特·沃尔波爵士，这样他就可以让自己的画作免于流俗。此后，风气就改变了。

但现在，只要书中的内容是符合常识的，那么社会名流并不会为写本书、游记甚至是为文学评论而感到羞耻。人们不会反对这些人出版一些用词平淡或是简单的小说来表现他们的悠闲。正如查尔斯·兰姆所说的，他们有这种心思。若是某位女士能出版一本书的话，这无疑会让她魅力倍增。这些人所写的书一般都会有一个不错的书名、一段饱含感情的推荐语，一幅有点过度谦虚的封面，以及精致的印刷。在一个大型的晚餐聚会上，遇到三四个专职作家的人出版了三四本书，这是很常见的事情。温斯顿·丘吉尔曾幽默地说过，他并不认为自己是一位专业作家，因为他只写了五本书——这与摩西[①]写的数目一样多[②]。我绝不会指责那些业余作者辛

① 由于传统上认为摩西是“摩西五经”这五本书的作者，“摩西五经”指的是旧约圣经的头五本书，即创世纪、出埃及记、利未记、民数记和申命记，故有此说。

② 原文注：丘吉尔在说这句话的时候，当然还没有出版关于其父亲伦道夫·丘吉尔勋爵的传记。

勤的劳动。他们在写作的时候，获得了一种乐趣，而不是什么压力。而能成为作家的自豪感更是能拓展人的怜悯之心，让生活为之发光。这些业余作家也不会遇到一些蓄意的刁难者，他们的这些作品就如置身于阳光下，破壳而出的蜂蝶的那层轻薄透明的罗纱，展开稚嫩的翅膀，在空中蹁跹起舞。

我不会像那些一本正经的评论家那样，严禁这些以休闲为目的的作者从事写作。他们在写作中获得愉快的消遣。某些文学评论家喜欢把这些可亲而又有深意的业余作家赶出文学圈当成一种神圣的职责，仿佛这些业余者踏进了某块神圣的领地一般。其实，在文学的境域中，人们既可捡到黄金，也可捡到银子。毋庸置疑的是，许多业余者往往是被丢掉的金银。毕竟他们是在挥霍自己多余的财富，这是可以理解的。可能有某些真诚的出版者会从作品中捕捉到一些质量高的，在某些不需额外花费的领域中继续挥霍。其实写一本或是出版一本差一点的书并非什么罪过。我更愿意这样说，任何一种写作，其带来最糟糕的害处就是一种无害的消遣。我不知道为什么人们要避开这种乐趣呢？其实这些人更不应去搞音乐或是画些水彩画，因为他们在这些方面的执行力实在是太弱了。我以为，那些有足够休闲时间的人将时间投入到写一本质量中下的作品，这比打高尔夫球或是驾车兜风更棒。人们能写某一本书，这意味着对某方面知识的某个层面有一定的理解。我愿为可以增强当前国人知识或是鉴赏力上的任何事情予以支持及鼓励。在国外，这些情况不是太多。我并不是很关心过程，只要有这样的结果就可以了。而这些业余者让人感到倦烦的唯一做法就是喜欢在一个小圈子里，大声朗读自己的作品。记得有一次，我与一位很有头面的乡村绅士参与射击运动。在射击之后，每天晚上他都要坚持在烟室里高声朗读自己的作品。他极富感情地朗读着，这实在是让我深感头痛的事情。必须要承认一点：射击是很让人开心的。但我不敢确定，两者是否能够相抵。这位老先生著作的情节很曲折，但人物过多，我无法分清该书中的主角与配角。我并不埋怨朋友在写书之时所获得的那种乐趣。我所讨厌的是，自己必须要乖乖地静听着。若是站在小说这种文学体裁本该具有的内在价值来说，这本书并不值得一写，但写作却使这位老友有事可做，使得他的内心不会感到无聊、烦闷。只要稍有空闲时间，他就马上投入到写作之中去，这让他免去了不少的呆板与无聊。我毫不怀疑，他这样做，内心是欢乐的，这对于他本人或是他的家庭而言都是一种纯粹的收获。现在他总是忙忙碌碌的，而这不需任何昂贵的花费。这可算是我们所能想到的最为廉价与最无害的爱好。

我们这个国家的国民的一大特性就是缺乏耐性，急于工作。我想在世界上再也找不到第二个国家像英国这样，没有耐心去优雅地完成一件事，享受其中的过程。当然，这种特质也是我们力量的一部分，因为这表明我们还有某种孩童的活力。我们没什么耐心、有点急躁与永不满足。若我们最终不能有一个满意的结果，是很难感到开心的。这种性情所带来的表现可以从现在人们对户外的体育活动中消耗的巨大激情中略见一斑。我们并非一个具有知识氛围的国度，所以必须要做些事情来弥补。相对而言，国人还是富足与安全的，在日常工作之外，我们会组织起来消磨休闲时间，让自己有事可做。我敢肯定，我们这个国家成为一个更有知识氛围的标志，就是有大量低质量的书籍出版。因为我们缺乏一种学生时代的求知若渴的欲望，也没有吸收文学知识的天赋，但我们对出版书籍有着深厚的感情。若是我们在体育上富于天赋，必然会在公共场合上展示这种天赋；若我们有自己的思想，必然希望别人去聆听。我们把冥思、沉想、与人对话、悠闲的生活看作浪费时间。我们真的是一个很现实的民族。

接下来，我将谈一下更为专业的作家。首先，我要坦白一点，自己的职业也主要是与写作有关的。在我看来，世上再也没有什么能带来比写作更美好的乐趣了。发掘一个让自己感兴趣的主题，然后尽可能用简明与坦率的语言表达出来，我认为这是最让人惬意的工作了。大自然充满了细微的景致与声音。日复一日，世界的大舞台挤满了许多有趣与让人着迷的个性、相互反差的性格、幽默的风趣、哀婉的忧伤。当我们走出这些纷繁复杂的物质现象之后，就会被各种神奇的奥妙与难以理解的秘密所包围。时时刻刻出现在我们眼前的奇幻景象为何物？这种日与夜、太阳与月亮、夏与冬、悲伤与欢乐、生与死的转变，所有这些如万花筒般的景致，是为何物？正如杰克·霍纳所说的，我们每个人都有属于自己的那份馅饼。当我们追寻心仪之物，谁不欢欣鼓舞？当盘子已空，唯剩石头，诗人在保持着缄默，这不也是一次让人印象深刻的经历吗？

对我而言，让人惊奇的并不是有太多的出版物，而是敢于表达自己的那一份喜悦、悲伤或是所经历的奇幻之事的人，这真的是太少了。我衷心希望，人们能更加勇敢地表达各自的感受。爱德华·菲兹杰拉德说过，他希望能了解更多平凡人物的生活，希望知道别人是怎样想的，感受如何，他们期望怎样的欢乐，忍受何种痛苦；他们是如何看待生命及感知生命的终止与停顿的。所有这些问题都有待我们共同去挖掘。最糟的一点是，人们通常是过于谦虚了，他们认为自己的经验太过无聊，不存在浪漫色彩，无法提起别人的兴趣，这完全是一个错误的想法。若是每个人都能真诚地将他对人生的感悟记录下来，将他对工作、爱情、宗教等方面的感受写下来，即使他是一位愚钝之人，这些文字也将是一些让人神往的记录。唯一让我感伤的是，上面所说的那些人并没有这样做，他们只是用一种很客观的记叙，讲着一些表面的事情，只是在说着一些表层的事儿，比如他们在旅途中所见所闻，千篇一律的事物；他们喜用诸如小说或是戏剧这些惯用的文学手段来表达，但却往往陷入徒劳的文字解释之中。何如用日记的方式，写一些富于想象力的信件，让读者了解其所想，而不是像在一个偌大的公园里漫无目的地游荡。作家对文学的真正兴趣应是对别人观点的了解。许多人花了不少时间投入所谓的“社交”之中，想从中了解别人的观点，但他们只能从一大堆让人难以容忍的谷壳中找到稀少的大米！

因为人们基本上都是保守与世俗的，不愿轻易地说出内心的想法。所以，谈话也是惯于敷衍了事。可见，如遇到一位坦诚之人，与之交谈所带来的清新拂面之感是多么的怡人。只有在这些情况下，你才会觉得自己是在真正地与人进行交流。我们在写作中应秉持一种将我们思想完美且真诚表达出来的态度。当然，我们不能奢望在艺术、神学、政治或是教育方面都有自己独特的见解，因为我们可能对这些领域没有深刻的感悟。但我们在人生中，对于生活、自然、情感及宗教的感悟却是有的，尽可能真诚地将这些情感表达出来，对我们无疑是大有裨益的。这有助于澄清我们的观点，不至于用现实中的一些貌似正常的事模糊心中的希望，可让我们摆脱常规思维的束缚。

当然，我们不可能一下子就做到这一点。在开始写作之时，我们会发现理清头绪是一件多么困难的事情。我们不时从思想的主干中游离出来，被一些富有魅力的旁支所吸引。我们组织不起自己的思绪。大凡具有匠心的作家都会历经这个阶段。他们觉察到在自己脑海中有许多相类似的概念，这些概念或多或少与中心思想都有一定的关联，但他们却不能完全控制这种思绪的运动及趋势。他们的思想就如在那熙攘的人群，而其所要做的，正是要将这些毫无次序的人群排成一个整齐的队列。作家必须要经历某段的“学徒”阶段，而要想避免这种写作之时出现的模糊性，就必须选择一个范围小且明确的主题；然后，将我们内心对此的感悟说出来。当心中无语之时，即应停笔，不能为堆砌华丽的辞藻而写作，而应追随内心的真实情感。我以为，许多作家在这些方面其实都是殊途同归的。在写作的过程中，是不能作过多修改的。达到表达简明，最好的途径就是通过不断的练习。我们必须要敢于放弃或是牺牲那些不能让自己满意的手稿，不应为此烦躁不安，然后从头再来——重写。在写散文的时候，我发现有两种做法是大有裨益的：养成写日记的习惯以及创作诗歌。写日记这种习惯是很容易养成的，一旦养成这个习惯，哪天若是没有写日记，就感觉自己仿佛没有洗澡或是吃饭一样。许多人会说自己没有时间去写日记，但从来不会说自己没有时间洗澡或是吃饭。日记没有必要是对某天流水式冗长的记录，而应该是对某些具有特殊事情的记载，比如某次散步，读到的一本好书，一场谈话等。这一习惯会带来多方面的收获。在日后回首之时，单单是翻看这些发黄的日记，就是一件难以言表的乐事，看看自己在10年前所想、所读、所见过的人，自己早期的一些观点，这更可以养成自己的风格。通过日记这种体裁，人们可以很容易地找到真诚与坦率表达方式的艺术。

接下来，谈谈对诗歌的练习。对于一些具有文学天赋的人而言，在他们的写作生涯里，诗歌是最自然与最喜欢的表达方式了。他们内心的冲动可以随时得到满足。诗歌不一定要写得很好。对于自己的诗歌所具有的价值，我从来都是不抱任何幻想的。但是这种训练却让我掌握了丰富的词汇，养成了一种泰然自若的气质，注重音调的抑扬顿挫，在措辞的选择上推敲斟酌，让诗歌具有某一种意境的意识。当某人放弃了诗歌或是被诗歌所放弃之时，此时，散文也是最真实与自然的表达方式。而对那些精于诗歌表达的人而言，当他们开始将原本为诗歌准备的素材用于散文，就无须为诗歌中的诗节的长度、用词的精当及节奏等方面的硬性要求所限制。当最终从这些约束中解脱出来，心中汹涌的感情可以自由地表达、不受阻碍地迸发出来，可想而知那种不受诗歌桎梏阻拦之时的那狂喜之情，是多么的让人欢喜啊！那种旋律、那种节奏、句子音调的升降，对照反衬、洋溢着能量的调子——这些都是散文所具有的魅力，但却缺乏诗歌那种形式简洁与更穿透人心的力量。

文如其人，人如其文。史蒂文森曾说过，他自己是通过对别的作家进行模仿，才达到今天游刃有余的地步。他自己也打趣地说，自己是在对着许多著名作家“依样画葫芦”。这种做法是有其价值的，但其危害之处也是很明显的。一种敏感的文学素质是很容易被捕捉与重复的，并且通过一些著名作家的努力将其魅力永存下来。有时，我会写一些关于那些具有自己鲜明风格作家的文学评著，这是一项很有挑战的工作。在接下来的几个月里，只是专心研究情感细腻及具有感染力的作家的作品，还要以一种批判且欣赏的态度去评述。不久，我就发现自己与所要批判作家的作品在表达方式上存在惊人的雷同之处。不止一次，当完成评著之后，我感到自己是在对这一专著的作者的审查之中完成的，这实在是很没价值的事。我深信在写作之时，人们是不能将目标固定在某种风格上的，而是要尽可能地将想要表达的事情清晰、有力地表达出来。若想坚持真诚写作的态度，那么这种个性就自然会成为其风格。因此，我认为，那些想要有自己风格的作家应该不要去阅读那些可能对其风格影响巨大的作家的作品。史蒂文森本人不敢去阅读李维[①]，佩特承认自己不敢去阅读史蒂文森，他补充说，这并不是认为自己的风格要好于史蒂文森——事实上恰好与此相反——他有自己的风格、表达方式，这是他可以努力去追寻的。因此，他小心地、甚至不去阅读那些会在不经意间让他模仿的作家的作品。其实，关于写作风格的问题，凡是那些具有独创性的作家都不应去想这个问题。作品必须要源于事物的本质，否则很自然就会失去其特色。我认识一位勤勉的作家，他那一气呵成的写作风格犹如滔滔江水，颇具说服力；他那经过诗歌的严格训练以及自己简朴个性所带来的生动及通俗的语言，是很有穿透力的。但他却不重视这些作品，若是有人当面赞赏他，他马上会说自己为这些粗糙的作品感到羞愧。他花了不少时间想创作一本“旷世名著”，为此他着实吃了不少苦头。他所写的所有句子都要经过浓缩，不断进行打磨、润色，他总是不停地在修饰或是重写。但当该书最终面世之后，却完全是一部失败之作。这本书毫无智趣可言，书中的人物僵硬，没有空间感；读者

① 蒂托·李维（Titus Livius，公元前59年—公元17年），古罗马著名的历史学家。

绞尽脑汁去探究某个段落，最后却发现，里面所包含的只是一个很简单的思想，但却用极为晦涩的语言去表达。而一位作家的目标本应是将一个深邃与艰涩的思想清楚无误地表达出来。在文学方面唯一真实与持久的一条建议——这是我从西利教授给年轻作者建议时听到的，这位年轻作者曾用毫不相关的复杂语言把一个简单的想法包裹住，西利教授说：“不要害怕把骨头露出来。”——这就是秘密所在：文学作品当然不只需要干巴巴的骨头，这个骨架上必须要有铺上一层润滑的皮肤以及适当的肌肉，但是必须要有其结构，而且还要清晰可见。

而对简明写作的完美追求，人们可以看看纽曼[①]的《辩解文》以及罗斯金[②]的《前尘往事》。他们的作品就如一道清澈见底的小溪，在光滑的卵石上，柔顺而又绵长地流淌着。而整个溪流的形状则是清晰可见。透过小溪，还能看到在水下的沙粒上，有一层玻璃般的残迹。无疑，小溪有其固有之美——一种水流曲婉及潺潺细语之美，但其主要美感却在于其微妙的空间转换之美。小溪时而流经小圆石，青青绿草在柔波中闪烁荡漾；而在小溪的两边的卵石则显得多么的干瘪与粗糙！小溪流经之后，被压伏的水草植物又是多么坚强地挺直腰杆！从透明如玻璃的水面上看去，在这小小的卵石上，在小小的暗礁之上，在那如丝带般的杂草上，这是多么的清澈、多么富于浪漫情怀，这是一个隐藏着怎样秘密的奇幻啊！夕阳下，在这流光溢彩的小溪中，这种微妙之美是如此的自若，给人一种从没想象过

① 约翰·亨利·纽曼（John Henry Newman，1801—1890年），19世纪英国著名教育家、文学家和语言学家,是自由教育的倡导者。代表作有《大学的理想》。

② 约翰·罗斯金（John Ruskin，1819—1900年），英国文艺批评家与诗人。

的平和，一股透心的清凉，一阵柔和的静谧之感。

艺术与风格都具有这种感悟心灵的巨大力量。在普通人眼中，许多事物好像都只是悬在沉闷的空气之中，觉得琐碎无所谓，更别谈什么诗情画意了。其实，人们是可以将这种力量握在自己手上的。一些之前已经见过几百次的事物，在某种清晰的表达下，有一种统一、柔软的甜蜜注进心间，这好似一种缘于奇幻的魔力、一种无以言表的影响力。这种力量将天底下的一切置于眼皮底下，在那个真实存在的境域中低声诉说着人世间的秘密。这些都是我们可去察觉与享受到的，其中散发的魅力是我们无法分析与解释的。我们只能用一颗感恩的心认识其存在。那些将自己投入到写作之中的作家就会发现，写作的主要乐趣在于对艺术的探索，而不在于回报。出版书籍是有其价值所在的，因为这让一位作家尽心尽力将其作品臻于完美。如某人在写作之时从没想到要出版，那么他就不会做最后整理这一步，从而让那些不完整的句子以及没有结束的段落继续残存。尽管评论本身也是难以尽善尽美，但是知道自己的作品对别人产生某种影响，这是一件很有趣、有益的事情。若是某人的作品被大众所蔑视，那么知道自己不适合从事这方面的工作，知道自己不能让读者发笑或是感兴趣，这本身就是一件好事。很多优秀的作品在刚出版的时候都不被人们看好，甚至是招致辱骂，但是作品被忽视或是被辱骂，并不是作品本身好坏的唯一的证明。更进一步说，只要某人尽自己所能，真诚地表达自己所想所思，这就够了。有时，可能会收到某位读者的回信，原来他是从自己的书中得到了乐趣乃至鼓励。这是一种极为真实且难求的乐趣，这就是写作所能获得的美好回报。虽然不是为了获得报酬而写作，但可以用清醒的感激之情去接受这种“报酬”。

所有作家都会有感到沮丧的时候。他们会经常自问，即便是丁尼生也曾扪心自问过：到底自己的作品值得发表吗？作家们不要对自己作品希望过高。在回首自己人生，在尝试追寻对人们产生深刻与持久影响的事情之时，很少有人能指出某本具体的书，然后理直气壮地说：“这本书给了我最需要的信息，让我走上了人生的正途；让我对事物产生了偏见或是强烈的冲动。”我们总是幻想着可以凭着一种暴风骤雨般的方式去做事情，想对多数人产生重要影响，给无数心灵带来震撼。一位作家若是发现自己的作品对少数人产生一些影响或是给一小部分人以无忧的乐趣，就应心满意足了。只有少数志存高远、心中有着不竭的耐心、精力以及深厚情感的作家，才能在岁月的车辙中留下属于自己深深的印记，这还需一种极富魅力的个性，让人在“会呼吸的思想以及让人灼烧的词语”中漂浮。但我们所有人都可以在这场游戏中参与一把，即使我们不能演主角，只能做龙套；属于我们的镜头只是在远处的海滩上，喝醉酒然后低语说着话，而主角则在镜头前方自言自语；虽然我们在镜头前的影像很模糊：但我们还是饱含热情地将这杯酒一饮而尽，用心做好属于我们的低语，而不要去注意镜头是否转移到自己身上，尽全力为这一幕显得自然与真实贡献自己的一份力。

第十一章 别人的批判

我承认一点：人类对最细微事物的最为微弱与细致的兴趣，与别人的生活及习性是息息相关的。我不能忍受在一些高贵达人的传记中，刻意不肯放下身段去描述一些个人的细节，而只是讲一些大众都知道的事情。当我阅读这些书籍的时候，感觉自己好像是在阅读某个政治家的年鉴或是年鉴表。这些英雄在我内心里没有一丝的影像残留。他们就像身穿着双排礼服及长裤的铜像，装饰在伦敦广场上的某一角。

某天，我到一位老朋友家做客。他是一位公众人物，性格很是有趣，让人感觉充满着活力与才华，当然也有一些不足。在房子里的另一位客人也是我的一位老友，他是一位很严肃、认真的人。当我们三人在烟室里坐了一会儿，主人站起身子，说还有几封信要写。当他离开之后，我对这位严肃认真的朋友说："这位老友真的是一个很有趣的家伙啊！他之所以有趣，并非由于他自身所具有的优点，而是他所没有的。"我的朋友，以其坦率的说话风格而著称。此时他以一副严肃的表情看着我说："若你想讨论刚才这位主人，你还是去找别人跟你讨论吧。他是我的朋友，我对他心怀深深的敬意，因此我不能去批评他。""我同样也很尊敬与爱他，这正是我们要花时间去谈论一下他的原因所在。你与我说的任何话语都不能削弱我们对他的崇敬之意。但我只是想了解他。我相信自己对他有一个清楚的认识，我相信你也有一个清楚的认识。我们可能在许多方面对他会有不同的看法。我想知道你是从哪个角度来看待我们的朋友的。"朋友说："不，批评朋友，这不符合我忠诚的理念。另外，你也知道我是一位比较保守的人，对于批评别人的行为，我总不是很赞同的。我觉得这违反了'第九诫[①]'。我认为，我们不应对邻居有错误的见解。"

"但你是在回避问题的实质。"我说，"你说的'错误的见解'，我不否认有些人会以一种恶毒报复的心态去讨论别人，或是一种讥笑嘲讽的心态去讨论别人，只是想夸大别人的观点，对别人的一些个人偏好进行妖魔化的描述。毫无疑问，这些做法都是极其错误的。但若是两个正直之人，比

① 第九诫则可简言之为"诚实立言"。

如你与我，当然不会像那些巧言令色的伪君子一样以所谓的‘爱的精神’去讨论我们的朋友。”朋友摇摇头说：“不，我认为这样做本身就是错误的，我们要看到朋友身上的优点，对于一些缺点尽量要避而不谈。”我说：“那就让我们低声细语地赞扬我们的朋友吧，称他为世上最值得尊敬的人，就像《小公主》[①]里面的人物。你可以极尽称颂之词，然后我就该说：‘大家听听吧，大家过来听听吧。’”“你是在开玩笑吧，”朋友说，“你不会介意我说你有过度批评别人的倾向吧。你总是在谈论着别人的缺点。我认为，这是你对人类本性过低评价所导致的。今晚在餐桌上，听到你在谈论着我们最好的几个朋友时，真的是让我感到伤心。”“我们不能让兰斯洛特[②]独自成为孤胆英雄，也不应让加拉哈德[③]在纯真中孤芳自赏。”我反驳道，“事实上，你认为我的举止像《新约·使徒行者》中的一位精心乔装的恶魔所为。《圣经》的这一章节总能给我带来强烈的幽默感。犹太人士瓦基（Sceva）的七个儿子，他们不是试图驱除邪恶的神灵吗？但‘邪灵所附的那人就扑到他们身上，制伏了两人，胜过了他们，使他们赤着身带着伤，从那房子逃了出来’[④]。你的意思就是说我就是这样对待朋友，剥去他们的名声，辱骂他们，不给他们最后一丝的美德或是荣耀残存？”朋友皱着眉头说：“是的，这差不多就是我的意思了。尽管我认为你的描述显得有点多余。我始终认为，我们应该看到朋友好的一面，不要花心思去发现别人

① 作者是弗朗西斯·霍奇森·伯内特。《小公主》是一部灰姑娘式的儿童小说，为其代表作。
② 兰斯洛特（Lancelot），亚瑟王圆桌武士中的第一位勇士。
③ 加拉哈德（Galahad），亚瑟王的圆桌武士之一人，高洁之士。
④ 出自《圣经》使徒行传19:16。

的缺点。”“除非是他们的缺点确实应该受到批评吗？”我回答说。朋友表情又严肃起来，转身对我说：“若有必要，我认为不应该惧怕告诉朋友们其缺点，但是通过谈论别人的错误来取悦自己与这是两码事。”“我以为，若是我们知道朋友的缺点，就应尽量告知。我个人认为，通过与别人的交谈，可以对朋友的优缺点有一个比较公正的评价，也可以获得一个更为公允的立场。看到朋友在别人眼中的印象，相比于我自己脑海中的印象，通常更让我增添对他的敬意。若某人有批评的能力，却故意把这种能力从人生中剔除了，在我看来这是荒唐的。最为重要的是，这样做把别人也给剔除了。我的意思是，你说我们不该对朋友进行批评，但你不会认为对他的某本书进行批评就是一件错事吧？”朋友说：“不。当然不会。我想这样做不仅是正确的，而且也是一个责任。对某一本书展开批判性的思维，这是自我教育最重要的方法之一。”“但书籍不也是作者本人个性的一种体现吗？你不会反对人们不应对朋友所写的某本书进行批判吧。”“你只是为了争辩而争辩。书籍当然是不同的了。它是作者情感的公开表露，理所当然要受到全世界批判的目光了。”“我承认，自己也并不认为这种特点是真实的。我觉得在谈话之中，人们有权利批判别人的一些观点。生活也是或多或少将我们自己公开表达的一个过程而已。在我看来，你的观点就好比一个人说‘我看着整个世界，里面所有的事物都是上帝创作的产物。所以我不能去批判上帝的任何作品’这样的说法一样是没有道理的。若是某人连自己所尊敬的朋友的性格都不能批判地看待，更不用说，我们也不应去批判世界上的其他事物。整个伦理系统、整个宗教体系其实也只不过是将我们的批判思维置于行动之中，然后才可发挥其功能。在我看来，若我们有强大的批判能力，那么就应将其运用于我们所见到的任何事物之中。”朋友以轻蔑的语气说，这只是我在施用诡辩术而已。我们最好还是各自回去休息。

自从这次对话之后，我一直在反思整件事情。我并不认为朋友的观点是正确的。首先，若每个人都遵从不应去批评自己朋友这一原则的话，那么这实在是无聊沉闷得近乎惨淡。想象一下在谈话之中，人们只能言不由衷地赞扬别人的优点所带来的那种骇人的沉重之感吧。想象一下那升起的毫无生气的节奏：甲是多么的高尚与庄严！乙是多么的强壮与结实！丙是多么的可爱可亲，多么聪明、贤惠及谨慎！而丁更是无与伦比！戊又是那样的富有激情，这是多么的富于教益，多么的有条不紊！是的，这听上去多么“真实”啊！我们应为有像甲、乙、丙、丁、戊这样的朋友作为榜样而心存感激！诸如此类的谈话在社会上大行其道，这如何能激扬心灵，如何打开通往那扇幽默与精妙的大门？

有人会认为，我们不应为了避免沉闷的发生而限制自己的行为。但我却认为，沉闷与无聊是造成人类痛苦与悲伤的一个重要原因。读过《天路历程》[①]这本书的读者无疑会记得一个名叫“沉闷”（dull）的年轻妇女，她的同伴则只能是有空洞、懒散、自以为是、迟钝、铁石心肠、沉迷酒色、恹恹昏昏的大脑。这些无疑是与这位“沉闷”女士为伍的天然伙伴。沉闷的危险在于——无论这是先天遗传或是后天习得——脑海中那些愚蠢与常规的观念盘桓不走，这让人们失去与外界美好世界的交流。一般而言，沉

① 作者约翰·班扬。英国英格兰基督教作家、布道家。《天路历程》被认为是最重要的英国文学作品之一，被翻译成200多种文字，亦从未绝版。

闷之人都并非简朴之人——他们通常有一套目光狭隘且“自给自足”的“法典”，他们沉湎于自我满足之中，并且反对任何富于生命力、浪漫的事物。简朴若不是天赋所得，就须通过一种强大的批判能力去获得。他们会抱着坚定的立场与旺盛的精力去检验、测试与权衡动机，然后在所获的经验中到达一个如何娴熟地与周围的人事打交道的过程。真正的简朴，绝非精神上遗传的贫瘠，而好像是故意抛弃那些阻挠人前行的忧虑及所不需要的东西所表现出来的一种“贫困”，这让人们明白，人生的艺术在于让精神从所有常规的桎梏中解脱出来，活在一种受控制的冲动及良好的本能之下，而不是活在传统与权威的威严之下。我并不是说，沉闷之人在某种程度上都是不快乐之人。我想任何人若能达到自我满意的境界，在一定程度上都是让人快乐的源泉。但这并非是人们所要追求的那种深层次的快乐。

也许，我不该用“沉闷”一词，因为这可能会被人误解。我所说的“沉闷”并不是一种抽象意义上的东西，不仅是来自实际生活中的某种具体表现，而且是心理力量之上。我认识不少智力超群之人都是“沉闷的大师”。在他们的记忆中无疑是装着许多有价值的东西，他们所得出的结论在别人看上去也是权威的。但他们却没有一种生动的洞察力，没有足够的灵敏度。他们不愿意接受新的思想，说不出一件趣事或是让人深思的东西。他们的存在是参加聚会的人的精神负担。他们的面部表情好似在斥责着所有用心或是琐碎的东西。有时候，这些人很沉默，此时他们就像一团厚厚的大雾，显现不出轮廓，没有清晰的前景；有时，他们又很喜欢谈论，我不知这是否更糟，因为他们通常用精深的语言及肯定的语气来谈论自己熟悉的主题；他们没有一点谈话的技巧，因为其对别人的观点毫不关心；他们并不注意自己周围同伴的感受，就好比一个打气筒不关心其下面所压缩的容器；他们只需别人在一旁默默地聆听。我记得不久前就遇到这类人。他是一位古文物研究者。他在滔滔不绝地谈天说地，双目圆睁，如一把尺子丈量着桌子的长度。他所谈论的都是关于古文物。我在他一旁，对他的语言攻势根本毫无招架之力，只能在旁边机械似地边吃边喝着，间或说着“对！”或是“真的很有趣”之类的话语。在地平线升起唯一的一线希望曙光，就是挂在壁炉架上的钟表在不停地转动着，虽然让人感觉好似灌了铅的速度在爬行。在这位专家旁边站着一位原本很具活力的谈话者，他的名字叫马太，他也变得急躁不安起来。这位专家选择多尔切斯特作为谈话的主题，是因为他发现我最近去过多尔切斯特[1]一趟，内心觉得很是不爽。我的朋友马太成为其听众之一，曾想尽办法逃离。在看到我抓狂的样子，他就开始与其旁边的人聊起天来。但这位古文物研究者岂肯放过呢！他不依不饶，停下了悬河般的讲话，然后以一种近乎无情的眼光盯着马太说：“马太——马太——！”他提起嗓子叫道。马太佯装环视了一下周围。“我正说着多尔切斯特这个有趣的地方呢！”马太也只好放弃逃脱的念头，乖乖地听从命运的安排了。

诸如这位古文物研究者的一类人，他自己当然是一位相当快乐的人。他沉浸于自己的谈话主题中，并认为这是极为重要的。我想在某种程度上，他们的生活是物有所值的，这个世界在一定程度也因他们的劳动而获益匪浅。我这位古文物研究的朋友，按照他自己的说法，证实了在多尔切

① 多尔切斯特（Dorchester），英国英格兰南部城市（多塞特郡首府）。

斯特附近出土的地下文物至少要比现在公认的时期早上500年。他是花了一两年的时间才发现这一点的。我想，人类在某种层面上会从这个结论中获得好处。但另一方面，这位研究者好像失去了人生中最美好的东西。人生是一个不断接受教育的过程，那些活过、爱过、哭过或是那些感知到美好事物、同时感受到世界上那让人惊讶且神奇的秘密之人——他们都能明白上帝的某些旨意。当他们在这个世界合上双眼之时，怀着一种敏感、抱着希望以及一种认知与真诚的精神，在期待下一出戏剧的开幕。但这位文物研究者，当他踏上通往未知世界的门槛之时，当其被问到自己与人生的关系之时，将会意识到，除了对多尔切斯特出土的文物的日记及类似的历史事件之外，自己真的是一无所知!

在人生所有易逝的华章中，到目前为止，最为有趣与最精妙的部分，就是我们在一条朝圣的大道上，与其他人灵魂的联系。人们急切想知道别人是如何思想的——他们所抱有的观点、他们的动因，他们形成观点的素材源于何处——冀望以此在道德层面上不去讨论别人的个性，这就好比用那些僵硬与清教徒的方式来限制兴趣、困囿经验、糟蹋人生。对别人的批评或是讨论并非是人生兴趣的一个缘由，而是一个标志。任何一种形式的冲动行为都不能冲破所谓的“法典”及“法令”的限制。我们没有必要为这种习惯正名，正如无须为我们的吃喝及呼吸一样找什么好理由。我建议大家做的一件事就是就此制定某些规则，并且定下一些训练的方法。那些不想讨论别人或是不赞同的人，一般都会被认为此举是愚蠢的、自我中心主义的或是伪善的，有时或是三者皆有。我们心中要谨记的原则就是公正的原则。若一人恶毒地谈论别人，一心只想从别人的毛病或是靠挖掘别人的缺点来抬高自己从中取乐的话，这无疑是最低级的一种了——这也说明了人类的一些行为是多么的可鄙与污秽。在这种情况下，人们就该明确无误地表示否定，如有可能，应该尽量避免这样做。但某人若是对人性有正确的评价，若他赞美的是那些宏大与高贵，赞许的是善良、力量、美好、精力以及怜悯，那么他的一些错误认识，一时兴致或是习性、成见甚至一些过分的举动都会有一种幽默的认知，这不会影响他的谈话。事实上，若我们能肯定某人是大度与公正之人，他的一些小习性、癖好或是行为方式，大部分还是为我们所喜爱的。慷慨之人有些小“癖好”——厌恶切断包裹上纠缠的绳线，喜欢把细绳装进抽屉，因为解开这需要很多的时间，在我们的心中会显得更为可爱。若我们知道某人是一位心地淳朴、宽容大度与认真的人，当他将同一个故事讲上第50次之时，在讲述之前急切地询问大家，谁之前有听过这个故事，而大家则是微笑不语。这会让我们更喜欢他。

但我们不能让这种喜爱的心理趋势以偏概全，把对朋友的爱升至盲目的地步。我们必须要清楚一点，朋友在我们看来可亲的小毛病本身应是无害的。

另一种特殊的表现形式则是，在批评别人的时候显得一本正经。这种毛病时常出现在许多文人身上。特别是有许多作者会认为，这是他们作为评论者的首要责任——他们希望在社交中，人们能将他们称之为艺术家——以此来摆脱是非对错的感觉。某天，我在阅读一篇有情有理的鉴赏评论，这是对卢卡斯所写的查尔斯·兰姆自传的评论。评论者对卢卡斯的文章作了中肯的赞扬——其中当然是有关于杜松子酒的。“我害怕自己狭隘的观点会给兰姆平静的生活抹上阴影。”一个人必然是很有理据才敢对查尔斯·兰姆的“唯一”缺点作出责难与批评。我们是应该谴责喝酒这种行为，但不能谴责查尔斯·兰姆本人。他那熠熠生辉的美德、柔和，那惊人的甜蜜及如自然般的纯洁，这些都远远盖过他的缺点。但我们要怎么做呢？我们是忽视、宽容然后再赞扬这种习惯？我们是否因为他喜欢喝烈性酒就爱他更多？或是若他不喝酒，他的形象就会更为可爱呢？

事实上，人们可能会觉察到相似的错误及道德上的劣处。当我们看到优点之时，不应让别人沉湎于其缺点之中。这种缺点本身并不是值得赞扬的，不管具有这种缺点的人是否具有如兰姆这样的天才，都是如此。

我们完全有权利指出别人的缺点，而我们也要坦诚面对自己的缺点。若我们对别人处处给予原谅或是宽恕，实际上也是无用的。我们以宽容别人的重大缺点这种方式去爱别人，这实在是让人讨厌的感伤癖好。若是说因为某人是名人，我们就该原谅其缺点，或是因为某人默默无闻就谴责他，这只是一种自大的表现。怜悯罪人或是不为自己找借口，这才是正确的。但我们不应愚昧与非理智地爱别人。我们甚至不能凭借一己之力，一厢情愿盼望自己偶像的缺点会自动消失。

我承认一点：人类对最细微事物的最为微弱与细致的兴趣，与别人的生活及习性是息息相关的。我不能忍受在一些高贵达人的传记中，刻意不肯放下身段去描述一些个人的细节，而只是讲一些大众都知道的事情。当我阅读这些书籍的时候，感觉自己好像是在阅读某个政治家的年鉴或是年鉴表。这些英雄在我内心里没有一丝的影像残留。他们就像身穿着双排礼服及长裤的铜像，装饰在伦敦广场上的某一角。

某天，我在阅读一位牧师的自传，其中讲到一名著名的教会人士参加一位主教的葬礼。之前，他们俩在一些宗教议题上存在一些技术性的争议。那天晚上，他在日记中用美丽的文字记述这场葬礼。我在这里引述一段：“（相比之下）我们的分歧是多么的微不足道啊！他所具有的力量及坚定的信心让我是多么的为之动容！我是多么的不介意他曾在《自律条规》（Discipline Bill）中犯的过失。在那个夏季里，他与我们度过了一个多么愉快的假期！所有的家庭成员都告诉我，他对我的女儿海伦是多么的照顾。”

这完全才是人类正常情感的体现：一种适度的合宜感。在死亡面前，人世间所展现出的善良比任何政策或是政治都更为重要。

在总结之时，我想说，除非我们能坦诚地说：“我认为人类之事没有什么于我是漠不相关的。”[①]否则，我们不可能体味到人生的充盈与饱满。若只是专注于工作、商业活动、文学、艺术或是一些人造的政策，将人与人之间的因素排除掉，我们就是在剪短与糟蹋自己的人生。我们虽不可能解开这个纷繁复杂世界所包含的所有谜团，但我们可以肯定一点——在带着兴趣与别人交往过程中，在喜欢与所爱之中，在柔和与欢愉之中，在悲伤与痛苦之中，我们绝不是毫无所得的。若我们想最大限度地享受人生，就不能让自己隔绝于这些事情之外。我们所要做的最为简单的“责任”就是要了解别人的观点，以一种大爱去怜悯别人。这种怜悯只有通过从整体中观察人性才能获得。我们不能任由自己被错误的良心、传统、愚昧甚至是爱慕所蒙蔽。一厢情愿地接受愚昧是所有缺点中最为可怕的，也许是最

① 原文是拉丁文：Nihil humani a me alienum puto. 这里翻译的是大意。

难以宽恕的，因为这让人们在观点中掺杂着盲目的自信、自我满足与自我拔高，正如一帘不透明且污秽的帷幕，阻塞了从灵魂深处散发出灵光的大门。

第十二章 谈“野心”

在层层假装的掩饰之下，我们儿时幼稚的想法能残存多久呢？看到一位名人以一种优雅且富尊严之态移步到庄严典礼的指定位置，周围有许多富丽堂皇的装饰，一大群人在凝神注视，还有乐队奏出如雷鸣般的庄穆音乐，看上去是多么的震撼人心！

约翰·弥尔顿[1]有一句关于野心的名言："高贵心灵最后残存的缺陷。"

我觉得这句话在历史上是造成众多危害的原因之一。因为这鼓噪了许多虽有大志但心智不明之人，他们认为野心是一个高尚的缺陷，或至少认为他们并不需要摆脱个人的这种野心，直到他们控制了所有其他邪恶的倾向。我想弥尔顿的意思是，野心是一种难以摆脱的缺陷。而难以摆脱的个中原因在于，这是一种很微妙与真诚的精神，有许多光芒四射的光环罩着，排列着盏盏灯火。那些想要在世俗追名逐利之人会很自然地把自己的追求或是想要身居高位的欲念，看成因为自己想要施展有益的影响以及所能做的善举。这些都会自然从他身上射出，正如太阳发光一样。当然对于一个心灵高贵之人来说，这是身居高位的人所能获得的很实在的乐趣。但他要肯定自己的动机，即自己是要有善举这种行为，而非为了获得善举的好名声。我不止一两次被野心的火焰灼烧过。而关于这一主题也常在我的脑海中思考。但我以往所获得的经验却与我的预期完全是两码事。尽管我认为，这在实际上是很正常的。我会敢于把它们记录下来。当我们真的仔细观察某位身居高位之人的时候，我们会看到很有趣的一面，那就是高位所带来的优势及方便都消失于无形，这是让人事前预想不到的。我觉得，一种尊严以及重要的前景将会模糊地支撑着。一位著名的讽刺家曾说过，一般而言，助理牧师并不想如主教那样发挥那么重大与有益的影响。首先，他会被称为"我的主人"。在我童年的时候，时常会与一位伙伴玩耍，

① 约翰·弥尔顿（John Milton，1608—1674年），英国诗人、政论家。代表作是《失乐园》。

而现在他不知怎的成为了一个身居要位之人。我经常与他在一起，对他的性情也是有一些了解。我可以怀着某种羞愧心坦诚道，在我看来，这个职位所带来的尊严、权力感以及人们对此的尊重，都是一杯看上去甜美的毒酒。某天，我与一位著名的高级教士在一起，他的身边有三位助理牧师。他们在教士身旁等候，正像蜜蜂盘旋在花朵之上。他们用一种单纯的眼睛看着教士匀称的身材，却又有点奇怪——正如卡莱尔所说的——他的那顶闪闪发亮又奇形怪状的帽子。我情不自禁地在想，他们若是穿上这身衣服，那会是什么样子。当然，这是一个幼稚的问题。但在层层假装的掩饰之下，我们儿时幼稚的想法能残存多久呢？看到一位名人以一种优雅且富尊严之态移步到庄严典礼的指定位置，周围有许多富丽堂皇的装饰，一大群人在凝神注视，还有乐队奏出如雷鸣般的庄穆音乐，看上去是多么的震撼人心！我们不难想象，处于这么隆重仪式中央的主角在心中怎能不洋溢着喜悦呢？但我反而认为，在此情形下，任何稍有理智之人都会被一种脆弱感以及巨大责任所带来的焦虑所压倒。过不了多久，人群就可从这位智者的心灵之火中了解到真正的价值所在。在熠熠生辉的荣光中、在胜利之际，这位高贵之人用纯洁及高贵的心说出了简单而又强有力的话。然后，他们就会发觉，其实富丽堂皇的装饰只不过是人类对真正伟大的某种敬意罢了。整个宏大的场面都是为其服务的，而非让其中的人为这一场景所压制。

让人感到欣慰的是，在我们目力所及的视线里，所有原本觉得庞大的场景都消失于阴影之中。实际上不只如此，这也成为了这一职位的缺点。我觉得时间、金钱乃至思想都会被投入于无用且累人的舞台之上，这只会徒增额外的忧虑，一种让人忧烦的公众聚会以及难以容忍的某种功用。此上种种，只能带来精神上的匮乏。我想，那些身处高位之人其实也是最可怜的，因为他们要花上许多时间，而这并非是他们工作的要求，而是其职责所要求的一定仪表之要求。我觉得，在刺激观众的想象力上，这些东西是有一定价值的。但实际上，这是很没意义的东西。一位在职的国务卿努力工作，制订某份详尽的计划，以一种谦卑的方式为整个国家造福，这比起那个用丝带装饰着自己，在晚宴上鞠躬的同一个人更让人觉得尊敬。

接下来，我所遇到的是，当我认为自己应该去接受某个重要任务之时，就会想到其中所带来的忧烦及让人疲惫的责任。我觉得这是一个巨大的包袱，觉得从此自己就要向上帝赐予我最好的礼物——自由告别了，这可是我苦苦挣扎才赢得的自由啊！

我清楚地知道，虽然我努力不让这种情绪影响我，但我不想牺牲自由的想法确实让我人为地夸大了眼前所遇到的困难。若我真心希求某个职位的话，这种困难是我本应有意识降到最低才对的。当我发现自己从无需承担一项不可能任务的责任中解脱出来的时候，这是一种多么舒畅的感觉啊！我自己也明白，自己没有心思去做某一件事，就更是让我失去了资格。这种不情愿的思绪是在对某个职位近期的预测之时，毫无保留地传达给我的。人们在接受一项重要任务之时，一定要有热情、期望，而不是沉重与哀伤。对于所有敏感的表演者而言，在出场时感到神经紧绷或是稍微的怯场，这是再正常不过了。但这相当于要经过一段磨炼期之后才能出演自己要演的角色。若是某人并不是真心实意地演好某个角色，只是从一种责任感出发去做事情，那么可以肯定的是，这对成功而言是一个凶兆。我真诚与谦卑地觉得，自己不应有一种被强迫去做的感觉。这种信念犹如神赐的直觉，如闪光一般，然后就恢复了一种平静的心态，让我感觉自己做得是正确的。我还觉得，世上最好的工作并非管理或是组织的工作，而是个人在某个角落中，以一种谦卑的心态不计回报地完成自己的工作。我自己时刻为这种工作做好准备。我又回到了那条“人生未走之路”[①]，这是通往真诚之心的正确道路。我意识到自己真实且又温柔地从一个大错中挣脱出来了。

也许，若能用一种更为简单与宽广的心境去看待这件事，那么结论可能就会不一样了，但这里面掺杂了性格。总的来说，其中复杂与细微之处，本身就证明了这是性格之错。曾有记载说，塞西尔·罗德斯[②]去问艾克顿爵士[③]，为什么本特[④]这位探险家并没有说出一些起源于腓尼基废墟的话语。艾克顿爵士淡淡一笑回答说：“这可能是因为他不太确定的缘故吧。”“啊！”西塞尔·罗德斯说，“这可不是建立帝国的方式啊！”这是一个很真实、有趣且富于个性的评论！但其中包含着一个教训，那就是那些不自信的人绝不要尝试去建立一个“帝国”或是担任涉及关系人民福祉的重大事务。

---

① 原文是拉丁文：fallentis semita vitae. 这里译其大意。

② 全名Cecil John Rhodes（1853—1902年），英裔商人，矿业巨头，南非政治家。

③ 约翰·爱默里克·爱德华·达尔伯格–阿克顿，第一代阿克顿男爵，（英文：John Emerich Edward Dalberg–Acton, 1st Baron Acton，1834—902年），英国历史学家、自由主义者，英文常简称“Lord Acton”（阿克顿勋爵）。

④ 指查尔斯·本特（Charles Bent，1799—1847年），美国探险家。

所以，在对人生有了一番阅历之后，我觉得有必要将那些碎片收集起来，并且进行解读，这应是我的责任所在。但丁曾用地狱中最低等的位置放置那些拒绝接受重要机会的人，但他所讲到的这些人是因为一些错误或是低级的动机而固执地接受某项重要任务，尽管他们的能力是毋庸置疑的。但对那些抱有希望，希望自己能做正确事情的人来说，最终以一种确信的方式肯定，眼前的重要机会并非他们的机会，这又属于另外一回事。若是某人没有那个能力，就不该承担那么重大的责任。一位著名牧师临终在病榻上对身旁的人低声说出了最让人伤感的话："我占据着一个重要位置，但我却配不上这个职位。"这也打破了人们之前对他的印象。更为悲惨的是，没有人愿意发自肺腑地抵触他。在自己能力不够的时候假装很自信地承担一项重大责任，这绝非高贵的自我牺牲精神，而完全是一个错误！相比于某人被强行劝服去承担超过其能力范围的任务所犯的错误，这更是应该受到谴责的。

每个人都有理智、常识及谨慎，这都是要加以利用的。若是因为那些并不比你更了解你自己的人怂恿你说"一切都会顺利的"而违反了这些理智、常识及谨慎，则完全是一种愚昧透顶的行为。现在，沉重的责任被人们不费心思地承担着，因为权利与名声的诱惑力实在太大了。他们把世俗的成功看得过重了。而对于那些想要举止正确，并且对自己能力范围有清楚认识的人而言，若他们认识到自己并不能配得上这个职务，摆在他们面前的一个简单与明显的任务，就是怀着谦卑与认真的态度去拒绝这些重要职位的诱惑。

当然，我知道有人会指责我是懒惰与胆怯。我也知道人们会把我说成顽固且不切实际的人，总是想着在一条直线上取一条相切线。他们认为我应降级到那些天生的失败者的程度。最糟糕的一种“认真决定”是，无论采取何种行动，自己都必然要受到指责。我以一种刺骨般的清醒看到这一点，但我宁愿在别人的良心中受到指责，也不想被自己的良心谴责。我宁愿拒绝，然后感到失败，也不愿意在接受之后再感到失望。在接受之后才显露的失败，无疑是灾难性的，不论是对于自己或是自己负责指挥的机构而言，都是如此。更为出色的做法是，将这些任务交给那些自信、果敢、有应对困难的充足能力，并且还有一种与人竞争的强烈愿望的人。

若你们与我一样有着虔诚的信仰的话，唯一的疑惑就在于指导我们道路的那伟大与明智的天意。若是某人不该去做某事，为什么这件事的可能性又会落在某人身上呢？在我看来，对天意的信仰的真正本质，并非是鲁莽地接受任何在我们人生路上遇到的“机会”，而是对自身能力的严肃及客观的评价。我毫不怀疑，上天让我放弃一些重担。我还要从中汲取养分以及道理。人们必须要记住一点，那就是个人虚荣感的存在。人们不应怀有的另一个想法就是，不计后果地接受某个重要职位，却不愿用谦卑的希望去做有价值的工作。若是我在早年能严厉地压制这种倾向，现在也就没有必要竭力控制这种趋势以及承受其所带来的羞辱。

那已经躺下的人，不必担心跌倒，

那低微的人，没有骄傲可言。[1]

① 出自英国作家约翰·班扬。

没有什么语词能比这诗句更为警醒与自我流露，如一面明镜那般，向世人昭示内心深藏不露的弱点。

先放下那种“成王封侯”的野心。我们必须注意到，我们并非对懒惰或是胆怯屈服，也不会因为大众的存在而把个人的动机说成是一种超凡脱俗的行为。并非人人都要把自己定位在追求高位上，一个自信度不高或是有点懒惰之人，若以顺其自然的方式，也许能在一个肩负责任且有一定影响力的位置上做得不错。有很多天赋颇高的人，却不想去发掘自己的潜能，因此他们也很难知道自身所具有的潜能，这类人我认识不少。若他们能拒绝一些看似“明显的机会”的话，均可承担重大的责任。这类人通常都有某种模糊且富于想象力或是梦境般的心灵，他们有一种沉思的能力，这会让他们夸大某个职位的困难。若他们向自己的性情屈服，就会变得迟钝、浅薄，做起事来三心二意、玩世不恭，不愿意在一个不为人知的角落里静静地工作。他们在工作时无精打采，而不是精神抖擞。这种性格的害处在于，无论他们作出怎样的决定，都注定是不会快乐的。若他们接受重任，就会在困难与障碍面前焦虑不安、神经紧绷，难以从容地生活，因此也就失去了从事伟大工作所应具有的朝气；另一方面，若他们拒绝接受的话，就会因自己的放弃而备受内心的煎熬，他们会觉得自己无能且优柔寡断，为此深深后悔。

这种性格之人，唯一的出路就是努力认清他们真正的生活定位，尽量听从理智及良心的召唤。他们不能被成功带来的喧哗所冲昏头脑，而应对自己的能力做一个真实的评估。他们一定不能屈从别人对自己能力一知半解的判断，或是鲁莽地承担“只能勉强提起，但不能携带”的重任。有时，这种性格之人会出于一定的热情与激情去承担重任，但他们要扪心自问，当这种新鲜感褪去之后，或是在预测到前路充满了需要耐心或不为人称道的工作之时，他们是否还能一如既往地履行这种责任。高估自己的能力会比低估自己的能力带来更严重的后果。一个高估自己的人在困难面前，很容易变得不耐烦，甚至是暴躁。

毕竟，有人说过，谦卑是比自信更为罕有的品质。虽然它并不那么受人欢迎，也没受到想象中的青睐，但仍是一种应时刻培养的素质。在车水马龙、熙熙攘攘的西半球，人们应该自觉地做到这一点。正如上文所说的，世界上完成得最好的工作并不是那些规模庞大的组织工作，而是每个个体在不为人知的角落中忠实地执行着的工作。诚然，负责指挥这些组织的人的工作是应予赞美的。但在更大程度上，工作还是取决于忠实的工人。他们默默无闻，以一种踏实、平凡的奉献精神落实伟大的设计。耶稣基督的教诲中，对于那些忠于某个领域的人是有强力保证的，而对于那些总是想冲到最前，或是吵着要掌握别人命运的喧哗者则没有任何承诺。毋庸置疑，耶稣基督并不曾承认野心的任何价值。他所赞颂的人生是平凡但又富于爱心、更加注重精神层面而非知识层面的。耶稣基督必然也认识到，不应试图操纵别人以带来影响，甚至不应在世界上留下自己的印记，而应以他抉择的标准、言行、思想的高度留下芳名。他所要做的唯一事情就是一步一步前进，把自己交给上帝，深信其指引，而非自己的设计，遵循直觉而非理性的结论。若人们能获得这样的精神，就能以事物真正具有的价值来看待它们。他们也就不会为世界上他们所渴求的事物抛来的强光而晕眩，而是在一种仿若黎明拂晓之时的清晰光线中看清一切事物，真正的目标就会开始发出其内在的光线。他可能在最后决定之前犹豫不决，深感恐惧；但一旦作出了决定，就会义无反顾地前进。因为他知道自己受到指引，而上帝已经通过精神上的默许与顺畅的举动，告诉他其所要做的事情。他所要做的只是解释上帝的话语，然后笃实地执行。

但若是某人从自己的“野心”中学到了教训，那么问题又来了。对于那些被我们寄予厚望的老师们，他们在运用“野心”来激励年轻人的教学方式上该走多远呢？我们面临的一大难题就是，该在哪种程度上应用低等的动机而不是高级的动机。因为在尚未成熟的心灵中，这些动机是有很大影响的。我们可以很轻松坦率地说：“一个人应时刻受到最高动机的刺激。”但一旦意识到这种最高动机是在年轻人的视线之外，那么所谓的高级动机也就没什么动机可言了。那些以时刻坚称最高动机来自我满足的人，难道不是在炫耀学问吗？人们不难看到，在行动之中的低级理智本身不失为一个正确的理智。例如，若是想帮一个人戒掉酒瘾，那么最高的动因就是让其知道，若是沉溺于感官刺激之中，一个人就难以实现其人生的理想。但更为实际的一个动机就是指出这样做会失掉健康及别人的尊重。但若是想激起一个男孩子的“野心”，鼓励他要有雄心壮志，则很难确定是否会激起男孩错误的动机。我们的希望是，让他明白高级的动机，学会勤奋与坚持不懈，意识到竞争的本性。然而他会明白竞争中最低等的形式，即不择手段地以牺牲别人来换取自己的利益。这当然绝不是一个美好的动机。在尚未发育成熟的心智中，他们的成功所带来的部分喜悦源于看到别人挨打；或是自己骄傲地获得了奖品，而别人却没有。若是人们与一位有“野心”的孩子交谈，尝试灌输这种观念：做人应该做到最好的自己，而不要去管得到什么结果。那么，他会马上意识到，这在孩子心中只是让人厌烦的陈词滥调而已。这种老一辈人的观念，无疑是给小孩那单纯的愉悦泼上一盆冷水。

毕竟，能够从中获得深刻教训的人是多么的稀少啊！终其一生，那些成功之人蔑视着失意之人。这样会让他们感到很愉悦，因为这提醒了他们自己的成功。但是，我们却很难找到一位失意之人，不去贬低取得成功的对手的成就，或者至少是克服了这样的诱惑。他会觉得，自己有必要培养从那位他羡慕的成功者所经历的种种失败中获得的某种暗暗的满足。若是某人看到工作或是性格对一个原本也许是缺乏自信或懒惰之人的惊人改变，若是人们让他成功地完成某项工作，或是给予他一个机会，并且帮助他把握住；那么我们在是否要排除将野心作为一种刺激的时候，就不得不三思了。倘若人们始终如一地把问题的正面向孩子们讲解，而对这种动因避而不谈，就有点让人难以理解，也有诡辩的嫌疑。但当人们知道，其实大部分的讲解都只是耳边风而已，那种孩子所固有的原始本性，是任何人都必须经历的，就不得不犹豫一下了。但我个人以为，这种犹豫完全是没有必要的。在应对尚未成熟的心智之时，一个人必须甘于使用一些“不成熟”的动机。父母往往有一种想把对孩子的教育揽在自己手中的倾向，并且觉得这是自己很大的一个责任。我的一个朋友就有这方面的问题。他在与别人打交道的时候，总是急于承担过多的责任。当他的过度忧虑已经严重阻碍其努力之时，一位经验丰富的睿智老师用柔和的方式批评了他。这位老师说，他应该乐于把一些事情交由上帝来处置。

但对个人而言，我们在人生历程中必须要努力学习深刻的道理。我们要认识到“野心感”其实就是个人虚荣感及伪装自信的表现。我们应该以一种适宜的态度，耐心而又谦逊地前行，心中希冀着最好的事物，忠实、勤勉地工作；既不要力求也不要躲避机会，不要丧失勇气，也不要一时鲁莽。我们要理解古代希腊这句谚语所蕴涵的道理：一个人最大的灾难就是在敞开心扉的时候，发现里面空空如也。而正确地将这句格言运用到生活中去，并非是要我们避免偶尔的“敞开”，而是要确保心扉不可避免地打开时，我们不是忙于修补漏洞，而是小心翼翼地用手拾起珍宝，供人欣赏。

大学之窗

From a College Window

第十三章　浅谈“简朴人生”

真正简朴个性的本质特征在于，一个人应该接受其所在环境及周遭的条件。若他出生在凡世之中，就不必想着要飞离这个世界。

简朴与谦卑一样，都是不能与自我意识并存的。某人一旦意识到自己的简朴与谦卑之时，他也就不再简朴与谦卑了。

时下，人们经常讨论关于简朴人生这一话题。虽然我不认为我们的生活方式会有向这方面发展的趋势，但从所听到的多方讨论都可证明一点：人们对这一话题是很感兴趣的。

其中部分原因无疑是某些人在装腔作势。我认识一位非常富有魅力的女士，她总是把这个话题挂在嘴边，而她实践简朴生活的方法也是很有趣的。除了她已拥有的两三所豪华的住所之外，她还在乡村的幽僻处建了一座乡间别墅，为此她花费颇多。别墅的装潢散发出一种庄穆的朴素质感。一年中，她大约有三次左右会坐车来这里，每次也就小住三天而已。随同她一道的，是与她一样喜爱简朴生活的两三个朋友。某天，我很荣幸地得以参加这样的聚会。在一个心绪复杂的人眼中，唯一有点简朴的标志就是晚餐上的五道菜。我们用相当古式的长杯来喝香槟，两只山羊系在花园的一个角落里。我觉得山羊应该算是简朴生活的一种符号了吧。这些山羊在那里虽没什么用处，但它们却决定着一种生活方式：若是没有它们，生活就立即变得复杂冗繁了。

当我们再次乘车到那里的时候，那位迷人的女主人在小屋外向我们招手致意。我们来到转角时，她叹了一口气，好像被命运操纵而不得不放弃她所喜爱的乡村设施。之后，大家坐下来，兴致饱满地谈论着接下来几周社交活动的安排。当然，这是很让人愉快的。我们整天都在谈话，在闲逛，赞美着简朴生活的妙处。在青青绿草的乡村里，我们参加了在教堂里的晚间服务。我们比平时提早一个小时吃午饭。因为在早上八点钟的早餐到晚上七点钟的晚餐期间，安排着各种有趣的活动。一次，我去问这位女士，若让她在乡村里孤单地生活半年，她会感觉如何。她满怀情感地说：

“我会喜欢得不得了。我愿付出我的所有来这样做。”“但是，总有一种责任感让你不得不离开，是吧？”她听了之后，只是无奈地摇着头，露出哀伤的表情。

我不禁在想，那些时刻讨论着简朴生活的人，到底是否真的知道这意味着什么。诚然我并不认为这位女主人对此的希望完全是装腔作势。像她这样生活在时尚中心的人，必然会对这样的生活感到厌倦。她总是不停地与相同的人打交道，听着相同的故事、同样的笑话。她并非一个明智的女人，尽管她对书籍与音乐有着自己的独特的品位。她所居住的环境让其必须时时改变与别人的关系——亲疏、喜恶、爱恨、冷暖，等等。而在这种不断变换的场景中，无尽的娱乐或是到乡村走一趟，社会的沉浮，这也许都是性别使然。除了自我娱乐之外，没有其他事情可做。她们没有明确的责任，对知识的兴趣也并不浓厚，所以对世上最重要的力量——爱的激情念念不忘。在外人看来，这是很无聊与沉闷的，但却有一种潜在的影响。他们所说的并不重要，重要的是这种方式、眼光及语调，而这种电流般的情感，在她们生命中的许多年里，都是这些端庄与平和的女性本来的性情。男人无意中闯进来了，之后又出来了，这只不过给她们提供了美丽动人的一幕罢了。男性对体育、农业、政治、商业都很感兴趣，但女人们却不然。情人与丈夫，一些闺中密友——这就构成了她们某个时段生活的全部。也许还有一种对孩子的平和与纯真的爱，以及成长过程中孩子所带来的烦恼或是乐趣，以一种宁静及柔善的感觉填充她们的心灵，尽管这不能算是激情的。此后，随着生命的流逝，大限之期也行将来到。

因此，相对于女人而言，男人更能过上简朴的生活。因为他们认为专注于某些明确及实在的职位是很自然的。毕竟，简朴生活的本质在于，人们可以在任何环境及背景下生活。这并不需要一座乡村别墅或是一辆汽车。若这些都是自然的，那也是无妨的。

我想谈谈自己对简朴生活本质的看法。我觉得，这根植于人类精神的深处。在生活之中，首要的前提就是要做到性格上的完全坦诚，这意味着许多东西：意味着灵魂的一种愉悦性情；一种清晰感及性格的力量。真正简朴的人一定不能模糊视线或是犹豫不决，被欲望或是转瞬即逝的情感所摇摆。在待人接物之时，他会流露出一种真诚与坦白；他要远离一些无谓的欲念，要有广泛的兴趣；他需要有着认清事物与事物的睿智；他还需要有一个直截了当的观点，他必须要坚信直觉与信念，而不只是发现别人所想或是有样学样。总之，他要免于世俗的局囿。真正简朴个性的本质特征在于，一个人应该接受其所在环境及周遭的条件。若他出生在凡世之中，就不必想着要飞离这个世界。我所说的这种性情具有唤起真诚与简朴性情的神奇力量。这样的人会倾向于认为别人也是一样直率与真诚，他不会全然误解别人，因为别人与他在一起时，也会变得简朴起来。简朴之人会有一种强烈的责任感，而非伪善。他可能想让别人也有相同的责任感。他不会时常感到自己必然会与别人的意见相左，需要时刻克制愤怒的情绪或是对别人的一些错误与自私的偏见。他不会迷信也不会嫉妒。但他并不一定是一位宗教意义上的人。因为他心中的宗教信念更为重要，而非外在。那些坚持宗教外在表现的人会说，我们应时刻注意宗教仪式，要真心受到牧师的影响，并且将这种影响当作一种情感的教条——这意味着要有一种强烈的艺术感，通常这是任何追求简朴之人都要剔除的。但另一方面，简朴之人有着一种强烈的责任感——一种对上帝意志及其崇高目标的笃信。

因此，简朴之人很少会是那些刻意追求休闲的人，因为他们想要做的事情实在太多了，而也觉得自己有责任这样做。无论他们专心做什么事情，都会以饱满的精神去做，坚持不懈，战胜疲倦。他个人的欲望不会很强，不会吝啬该花的钱。别人有需求的时候，他会慷慨解囊。在奢华中，他会感到焦躁不安。他喜欢在户外或是在乡村走一下，目的只是想锻炼一下筋骨，以求获得一种健康与活力的感觉，而不是想从中获得某种乐趣。他从不会问自己该如何度日，因为眼前的每一天，未来的每一天都在期望之中被填充得满满的。他会顺其自然地工作、享受其带来的乐趣。他不会急于制订计划或是准备参加聚会，因为他希冀在平常的生活中发掘他想要的兴趣与乐趣。总之，他是一位心地善良、友好与无畏之人。他不会对别人抱有幻想，或是轻易抛弃某位朋友。他是一位彬彬有礼的人，对别人的缺点十分友善，对别人的尴尬予以理解。他喜欢小孩、幽默、喜欢微笑、性格平和。若事情并没有如预期那样发展，他也不会无病呻吟，也没有时间去焦虑不安。

在各行各业中，我都认识这种人。他们所做之事是值得信赖的，他们明白别人的难处、同情帮助别人。这些优点的一个特性在于，这种生活是在没有自我意识的情况下完成的。若是我告诉这些人，说他们的生活与别人很不一样，他们是会感到很惊讶的。

自然与简朴并非是艺术与知识天赋相结合，若是这两者结合起来，则无疑是世界上最完美的组合了。

对简朴构成致命打击的一点，就是希望激起别人对此的关注。在文学上，最为人注目的例子要数梭罗[①]了。他被许多人奉为简朴生活的倡导者。无疑，梭罗是一位有着极为简朴生活品位的人。他吃喝都很随便，从不强求。他对沉思自然是极为感兴趣的。他喜欢把自己从纷繁复杂的世俗中解脱出来。可以肯定的是，他最讨厌那些麻烦之事了。他还发现在一年之中，只要工作六周，就可以赚取够他在森林木屋中余下12个月生活的费用了。他亲自做家务，不多的积蓄只够他买一些食物与衣服或是小额的花销。但梭罗其实是懒惰，而非简朴。他的这种简朴行为的破绽，就是他时刻希望别人能够过来探望或是敬仰他。他时时从隐蔽的角落里探出如鼠的闪亮眼睛，看看是否会有陌生的拜访者在附近盘桓，观察这位隐士的沉思状。若他真的乐于简朴，就会静静地过自己的生活，不让别人对自己的看法来打扰自己的清闲。他发觉属于自己的“简朴”是很有趣、值得沉思的主题。他总是在玻璃窗上端详自己，向别人讲述他所见到的那些粗犷之人、皮肤黝黑之人或是衣着邋遢抑或严肃之人的种种。

事实上，梭罗赚钱要比一般的艺术家更为容易。当梭罗写下这句著名格言“人活于世，应是诗意地栖居，而非悲惨地过活”[②]的时候，他并没有说明自己在机械方面的天赋。他是一位优秀的土地测量师与作家。而他本人也是一位独身主义者。若他有妻子儿女的牵绊并且没有这般技术的话，无疑会发现自己也要像别人那样辛勤工作。

① 亨利·大卫·梭罗（Henry David Thoreau，1817—1862年），美国散文家，自然主义者。代表作《瓦尔登湖》，在这本书中，他力陈简朴生活的重要性，说过：我们的生活都被耗费在细节上，简朴，再简朴一些。

② 原文：To maintain oneself on this earth is not a hardship but a pastime.

梭罗有一种本身可以称为节俭的品质——他并不关心社交。他说自己“宁愿在地狱中孑然一身，也不愿在天堂上聚众欢愉”①，可见，他并非一位乐于社交之人。而社交本身就需要昂贵的花费。当然，他也有一些知心朋友，但看上去他打死都不想去见他们。他是一位有许多美德、缺点很少的人，但他在与那些追求新奇之人在一起之时，最为舒适。他不会回避这些人，而是时刻想与这些人会面，与小孩交谈、玩耍；但另一方面，社会好像与他毫不相干。虽然他是一位很公正与富有美德之人，但有人对他却有相当不佳的评价。“我爱亨利，”他的一位朋友说，“但我不能像他那样。因为当我把手搭在他的肩膀上，我马上觉得自己是靠在榆树的树根上。”实际上，梭罗是一位有着强烈幻想及喜好的自我主义者。虽然他是一位禁欲主义者，但他却不能称为一位简朴之人。因为简朴的本质在于不要过分沉溺于某一个业余爱好。关于简朴这一点，他所想及所说的实在是太多了。事实上，简朴与谦卑一样，都是不能与自我意识并存的。某人一旦意识到自己的简朴与谦卑之时，他也就不再简朴与谦卑了。你不能像尤赖普·希普②那样，通过时刻提醒别人你的谦卑，才让自己变得谦卑。同样，你不能以故意炫耀的做法来让自己变得简朴。简朴之人在做事情的时候是没有那么多的顾虑的。

事实上，那些对简朴最为喜爱的人，其本性往往是最为复杂的。他们

① 原文：keep bachelor's hall in hell than go to board in heaven.

② 尤赖普·希普（Uriah Heep），这是英国著名现实主义小说家查尔斯·狄更斯（1812—1870年）所写的《大卫·科波菲尔》（David Copperfield）中的一个人物。这个人物是虚伪的谦卑、卑躬屈膝及虚情假意的化身。

对自己的复杂感到厌烦。他们觉得，若是能制定一定的生活规则，就可达到灵魂的一种平和状态。而事实上恰好相反。一个人若是在心灵中变得简明，一切就自然而然变得简朴了。若是人们能望峰息心，将社会上的一些所谓的威望、排场、期望别人赞扬的心态统统清除，他的人生马上就能进入一种简朴的心境。因为维持表面的形象是世界上最昂贵的事情。若是人们认为通往简朴之路，首先需要过上“茹毛饮血”的原始生活，那就好比一个人的发型与丁尼生很像，然后就幻想着自己就是一名诗人。禁欲是简朴的一个标志，而非其原因。当人们具有了简明的思想与心态，当他们专心做好自己手中的事务，而不去想名声的问题，那么，他们就能很容易地获得简朴的生活，这也就变得很普通了。

简朴的生活风潮不是当前的一股趋势就能带来的。对此构成致命打击的，是人们公开讨论这个问题。它其实只能被个人在相对孤独的情形下完成。某天，我的一位朋友说了一个梦境：她语气柔和地为服务理念辩解，但在她说完之后，她的同伴说：“说实话，我并不认为人们可以作为一个整体被激励。”这是一句有点费解的话，其中蕴涵着深邃的真理——救赎不会在一个公共场合中发现，把一些人聚集起来，然后与他们谈论关于简朴生活这个话题，无疑是丢掉了那种“隐士般”美德的魅力。

最糟糕的是，我所谈论的这些真正的、实际可行的简朴生活，对于这一代喜欢运动与活动的人们来说，根本没什么吸引力可言。他们所希冀的只不过是一幅如梦如幻的场景。简朴的生活对他们而言，正如忙碌生活的幕间休息时间，他们并不想领略其全部内涵与持久之美。否则，他们会认为这是很无聊的。

因此，对那些真心希望获得平静及平和的人，这种实践是在自己的手中。在简朴之中就是要从自然中获取欢乐与热情，这是一种能力。人们必须要把自己的经验置于自身人生的遭遇之中。若他喜欢自然的面目，喜欢书籍、同伴，最重要的是工作，那么，他完全没有必要跑到野外追求一种超脱尘世的先验理想。但对那些精神如旗帜般孤独下垂的人而言，他们喜欢谈话、笑声、乐趣，他们想从酒精以及那让人陶醉的歌声中获得乐趣，那么，最好就不要假装在乡间小道上漫步，或是在粗莽的牧场附近满溢的小溪旁戏水，抑或在林间空地中吹来飒飒凉风中追求简朴。若我们想成功地获得简朴，就要有一定激情的本能，而并非一种如梦如幻的好奇感。一味哀叹自己没有时间去掌握“灵魂”是徒劳无益的。否则，当到自己内心深处窥探的时候，就会发现里面结满了蜘蛛网，堆积了厚厚的尘埃。

大学之窗

From a College Window

第十四章 也论“竞技之乐”

我不希望看到人们对竞技体育的热情消减，或是以一种不冷不热的态度去投入。我只是希望看到，这种无限扩张的趋势能得到适度的遏制。我认为，若是某位学生在学习上用功或是对书籍产生兴趣，并不该被视为古怪。我希望在学校里，有一种能力是被赞赏的，那就是热情与灵敏，无论这种能力是展现在哪个方面上。

唐宁学院校园内的日晷

我始终坚信，激励他人比纠正别人的错误更为有效；赞扬比惩罚更为舒坦；帮助别人比一味谴责更为仁慈。

科帕斯·克里斯蒂学院

学院正门进入，仰望到学院的院徽

基督学院内的达尔文像

丘吉尔学院院内礼堂侧窗

抬头看吧！一股微妙与柔和的情感清明可见，如同远处黛蓝色的山岚，这是多么的洁净与纯粹。整个世界在不息地运行，不论过去还是现在，刹那间变得如此通透与明晰。我看到了超乎政治与宪法争论问题之外的人性之光。这种强有力而又看似简单的力量如一道平缓流淌的河水，不时泛起人性的泡沫与浪花。

在今天这个时代，谈论竞技体育要比写一些“十诫”[①]之类的文章需要更多的勇气，因为人们的评论似乎给人这样的感觉：“十诫”这类的写作只是一种品位的体现，而普通的英国民众则认为竞技体育是一项事关信仰与道德的事情。

首先，我要声明一点，自己并不喜欢竞技体育。我之所以这样说，并非仅仅因为我个人的喜恶，而是要为反对社会的专制竖起一面反抗的旗帜。我知道有很多人其实对竞技体育不是很感兴趣，但不敢直接地表达出来。也许有人会认为，我的这种观点是站在一个不热衷体育之人的角度来阐述的。人们在脑海中会形成这样的情景：一位戴着老花眼镜、面容严肃的老人在足球场上孱弱地走着，极力想避开那个滚来的球，参加一场板球比赛或是在野外兜兜风，只是想在地面上捉些昆虫，抑或在一只固定船桨的船上，面带微笑，一脸清高地划着。我必须要澄清一点，事实完全不是这样的。其实，我在几项运动中都达到了相当的竞技水平。我是一位有一定实力的桨手，虽然对此也不是具有很强的天赋。我曾担任过大学足球队的队长。我敢说，自己从足球获得的乐趣要比从其他运动中多上许多。我也攀登过一些高山，自己还是阿尔卑斯俱乐部[②]的成员！我还想说明一下，自己算是一位身手敏捷的运动员，虽然不是很有运动天赋。我热衷于户外锻炼。我作这样的坦陈，只是想说明我在谈论这个问题的时候，并不是

---

① 十诫，据《圣经》记载的上帝耶和华借由以色列的先知和众部族首领摩西向以色列民族颁布的十条规定。犹太人奉之为生活的准则，也是最初的法律条文。这里泛指一些关于道德上的著作。

② 阿尔卑斯俱乐部（The Alpine Club），1857年在伦敦成立。世界上最早成立的登山俱乐部。

站在一个不喜欢运动之人的立场之上的，而是恰恰相反。在我看来，没有什么坏天气是不足以外出的。在一年之中，也只有十多天我是没有外出锻炼的。

但户外锻炼是一回事，竞技则又是另外一回事了。我认为，若一个人的年龄到了需要深思熟虑的时候，他就不再需要竞争的刺激，在打球或踢球的时候就不会总想着自己要比别人厉害。专业运动员的有序组织训练是一件相当严肃的事情，因为这让运动员必须要在兴奋点的刺激下才能有好的发挥。某天，我在乡村的一所安静的房子里住着，在那里没有什么事情可做。奇怪的是，居然连高尔夫球场也很远。一位著名的高尔夫球手在这里也待了几天，他的心情低落到了极点。单单是散步或是骑自行车对他而言是乏味的。我想，他除了在花园里踟蹰地踏着步之外，就从没离开这间房子。在我当校长期间，听到一些家长以一种严肃的态度谈论孩子的竞技水平时，就不禁为之发愁。有人说，某个孩子很有运动天赋，有成为优秀击球员的潜质；有人急于询问自己孩子能否接受更为专业的指导；而一些稍有哲学头脑的家长们则会谈论成为一名优秀的板球手在社会上所具有的种种优势。听他们的谈话，好像美德在某种程度上与竞技上的能力是不可分割的。倘若有一位父母表示对孩子智力上的兴趣，就会有10位父母对孩子的竞技能力表示急切的关心。

在父母殷切的期望下，孩子们把竞技体育上的成功看成人生中一个重要目标，这也就不足为奇了。这其中交织着社会上追求名望的野心。我可以肯定地说，在他们看来这比其他事情都更为重要，而他们对作为学生的本职工作并不尽心。实际上，他们所想与所谈的都是体育，只有体育才能激起他们心中的热情。因此，他们也很自然地鄙视那些不擅此道的同学，无论他们多么的具有道德、多么善良、聪明。对于那些优秀的运动员而言，在学习上漫不经心，甚至在道德上有些劣行都是可以原谅的。作为老师，不得不承认我们没有努力去遏制这种不良的趋势。在我们的业余时间里，基本上都是在板球场或是足球场上闲逛，观看讨论着各个球员踢球风格细微的不同之处。老师对在孩子们心中占据重要位置的事情产生兴趣也是很自然的事情。但我所批判的一点是，这其实是我们需要引起警醒的事情。我们在此事上并没有像热衷者或是铁杆拥护者那样，给予他们慈父般的关怀。

要想改变这种情形，可谓困难重重。也许，它正如我们国家其他根深蒂固的顽疾一样，都是会自愈的。要教育者本人压制其对竞技体育的热爱，然后貌似正经地讲一些他们自己都不感兴趣的知识给学生，这是很不现实的。在这种情形下，任何伪善的行为都是徒劳无益的，无论其出发点是多么的崇高。我们这些教育工作者一有空就跑去打高尔夫球，在假日里用各种体育活动来填充时间，要想掩盖这个事实确实是过于虚伪了。家长与学生都认为，竞技体育是极为重要的。校长也或多或少会看重那些长于此道的学生，这就更加增添了我们想扭转这种趋势的难度。在学校里，无论做什么都会涉及竞技体育。更有甚者，一些孩子们所仰慕的学生运动员在执行纪律方面比老师更为有效。一位顶呱呱的投手对修昔底德[①]及欧几

① 修昔底德（Thucydides，约公元前460–前396年），古代希腊杰出的历史学家，著有《伯罗奔尼撒战争史》。

里德[1]的看法，在孩子们心中比一位已获得了大学学位的人的观点更为重要。某天，有人告诉我一座规模不大的私立学校校长的遭遇。他的一位助手工作懒惰，竟然还公然蔑视他。这位助手疏于工作，不仅在教室抽烟，偶尔甚至还不辞而别。有人就不解了，为什么这位校长还不解雇这位放肆的助手呢？因为助手指导着大学板球队的运动员。他本人的存在可以给来此参观的父母增添不少信心，而且还能起到一种极佳的广告宣传效果。而站在这个助手的角度，他知道自己在别处也能获得类似的职位，并且还想在一个让自己更为方便的学校工作。当然，这是一个比较极端的例子。约翰逊博士曾说，天啊，但愿不会出现这样的情形。我并不是针对运动员，也不会贬低户外运动对身体处于发育过程中的孩子的益处。但可以肯定的是，我们在对整件事的看法上所表现的轻重之分是多么的失衡啊！事实上，我们英国人在很多方面仍旧是一个尚未开化的民族，现在，我们也只不过碰巧成为稍微富裕点的“野蛮人”。我们应把时间、精力用于真正需要关心的事物上。我不希望看到人们对竞技体育热情的消减，或是以一种不冷不热的态度去投入。我只是希望看到，这种无限扩张的趋势能得到适度的遏制。我认为，若是某位学生在学习上用功或是对书籍产生兴趣，并不该被视为古怪。我希望在学校里，有一种能力是被赞赏的，那就是热情与灵敏，无论这种能力是展现在哪个方面上。但现在只有在竞技体育中身手敏捷才被认为是值得赞扬与英勇的，而在学习与书籍所表现出的热情则被视为是低下与自负的。

---

① 欧几里德（Euclid，约公元前330—前275年），是古希腊著名数学家、欧氏几何学的开创者。他的著作《几何原本》是欧洲数学的基础。

而同样的精神也影响着我们称之为“体育”的领域。人们不再将其视为一种放松身心的休息，而是作为一种商业行为。若是射击游戏没有竞技的部分，许多人是不会接受邀请的。一位水平一般的枪手若是想休闲地射击几枪，就会被视为某种“犯罪”。在今时今日，人们对汽车竞技的热情好似又胜于对高尔夫的狂热。许多人在空闲的时间里，都靠着打桥牌来填充时间。而解决这一问题的困难之处在于，这本身并不是有害的，实际上还是有益的。人们有事消遣当然要比无所事事好多了。我们很难去反对那些只是在过犹不及之时才会造成危害的运动。

我个人只会把竞技看作万不得已的消遣手段。我宁愿出去散步一下也不愿去打高尔夫；看本书也不愿去打桥牌。我认为玩桥牌其实只是比绝对意义上的空虚谈话好上一点儿而已，而那无疑是世上最累人的事情了。奇怪的是，虽然无所事事被认为是有害的，但人们去参加竞技体育却被视为是积极有益的。我笃信一点，竞技体育中的竞争始终是一件让人愉快不起来的事情。在现实生活中，我是很讨厌它的。我不知道人们为什么将这种因素引入到娱乐活动之中。若是某项运动让我玩得开心，我并不怎么在意自己是否玩得比别人好，也没有动要与别人相比较的念头。

我坦白地说，乡村的景色与声音都足以给我带来愉悦。我喜欢观察在每个栅栏与每片田野上奇异与美丽的事物。春天里小灌木丛的抽枝，就足以给我带来乐趣；在仲夏之时，看到一道清澈蜿蜒的清溪在厚密的榛树周围流淌，溪流下面飘摇着水草植物，这又是何等的怡然！树茎上布满条纹，在金黄的秋天火红渲染之时，那种感觉美妙极了；看到同一条小溪水流满满地前行，有点淡褐的样子，两岸有点儿苍茫，树木上枝叶已脱，霜露覆盖着牧场，这何尝不是一种舒畅呢？举个例子说吧，我觉得射击中所得一半乐趣源于我自身的某种童趣。射击场四周是轮廓鲜明的田野上残留的稻梗，我喜欢脚踏稻梗时发出的那阵沉重的啪啪声。松叶林则把那古色古香如玫瑰般的浆果挂在枝头上，野兔在灌木丛中轻盈奔跑着，在冰霜的空气中，好似嗅到一位猎人在远方正要叩响扳机。乡村之乐在我心中时刻俱增。我喜欢在春天的小道上闲步，白色的云层悬浮在蔚蓝的天际之上，一眼望去，林间空地被蓝色的风信子铺成了一层地毯；在夏雨倾盆的午后，当天边布满了墨黑色的云翳，地表上散发出一种清新的香气，我喜欢在乡间小路或是丛林小道里漫步；我喜欢在冬天暮鼓时分，碎步返家，此时夕阳已将西天慢慢熏烧，野雉在栖息处孤声鸣叫着，偶尔还能见到一串灯光从乡间小屋的窗棂前投射出来。

这种乐趣是每个人都能获得的。那些把乡村生活称为无趣的人完全是因为没有用心去观赏。在同一片田野上，他们围绕着一个小白球不断地击打与追寻，同时还精心设计一些障碍以考察选手的能力与气质。在我看来，若这不能称是无聊，也算是滑稽可笑了。

有时，当人们为一些貌似适合自己的事情而搞得焦头烂额的时候，当他们意识到自己眼前所做的并不能称为工作的时候，我不禁在想，竞技游戏只有在无忧童年的时候才是适合的。当人的年纪大了，也许会变得更为睿智。一种更为简单、更为闲淡的兴趣就会自然地生发。我可以很诚实地说，这并不意味着热情的丧失，现在我所享受乐趣的能力要比早年时期更为深刻与强烈。我在上文所谈到的从景致与声音中所获得的愉悦，比我从童年时期所获得任何一种感觉都更为强烈。若是我们从小长大就依赖于某种竞技的游戏，其危害之处在于，当我们年老的时候，就无复当年之勇了。因此，我们经常可以看到一些老年人的惨景，他们对自己空有一副肉体的存在感到无奈。他们成为烟室或是晚餐桌上不受欢迎的对象，因为他只是沉浸在对过往那惊人运动表现的怀旧之中，只能唱着人类不断退化的挽歌。

竞技游戏之中掺杂的另一个迂腐之处在于，某些运动被视为是幼稚与可鄙的，而另一些则被冠以荣耀与赞赏。我认识一位很知名的教士喜欢打高尔夫球，他们这样的行为好像带来了一种在常人眼中看来是尊贵的气息。有时，人们不禁怀疑一下，若是他们能更好地实践《福音书》[①]中所提倡的“大蛇的智慧”[②]或是研究一下保罗教义[③]的适用范围，可能会能救赎更多的人。

若是按照当前的这种风气与趋势，我们儿时玩的骑马游戏可算是一项可以增强体质与精力的运动，而且也不需要昂贵的花费。若是某位高级教士及其副手在一座教堂的广场前身手敏捷地骑着马，时不时发出阵阵的丁当声，鞭子的噼啪声，以一条红色丝带来驯服这匹腾跃的骏马，不知人们会作何感想呢？世上没有比在一个沙堆的掩体上击打一个小白球更不体面的事情了。若是在早餐之后，首相与首席大法官在禁卫骑兵团那里的沙石地上玩儿着滚铁环，又有谁能说这样的行为是不适宜的呢？他们在某种程

① 《福音书》(Gospels)，就是四卷记载关于救主耶稣降生这好消息的书。四福音是新约圣经的前四卷书，作者分别是马太、马可、路加和约翰。

② 原文：the wisdom of serpent.

③ 保罗的教义(Pauline Doctrine)，保罗所涵盖“释放”的三个重点是：(a)人类的原罪(Sin, not sins)；(b)肉体(flesh)；(c)律例(Law)的束缚。

度上让这项游戏变得受人尊重。在哲学家的心中，竞技游戏要么是愚蠢的，要么是具有其合理性的。而展现普通人愚昧的行为无疑表现力，他们认为一些投手手册应是文学中的一项重要补充，而一本关于捉迷藏的小手册则应视为被嘲笑的对象。圣·保罗[1]曾说过，当他成人之后，就抛弃了那些幼稚的想法。在这个时代，若是他想被人认为是一位富于理智与有分量的人，可能就不会这样说了。

我并不想只是待在“预言的境域”之中或是想要成为耶利米[2]，然后只能为自己所不能改变的事情进行无力的讽刺或是尖锐的批评。我想做的是，尽量让这个问题变得简单，摧毁在竞技运动中所存在的一些极度自负的行为。在我看来，这种自负行为正在迅速蔓延。毕竟，这只是休闲娱乐的一种形式罢了。我强烈以为，正是这种自负的存在才把这种严肃性带到了原本并不需要它的领域中。若是没有这种严肃性，就会变得更为美好。因为这种“专制”是真实存在的，而一位有着运动天赋的人不会甘于只享受其中，他们会有一种自满的优越感，对那些不擅长此道的人有一种难以掩饰的鄙视。

某天，我待在一间房子里，一位著名的哲学家在下午驾车过来拜访。在拜访结束之后，他想到处走走。于是我把他带到了一间破旧的马厩，他要骑马兜一下。我不得不承认自己对如何驯服马匹一窍不通。我们发现了一些看上去应该是属于小马的装备，我递给他，然后他小心翼翼地试着，

---

① 圣·保罗（St.Paul），《圣经》中的人物。保罗（3—67年），原名扫罗。保罗是亚伯拉罕的后裔。在基督教思想发展历程上起到了奠基作用。

② 耶利米（Jeremiah），是祭司希勒家的儿子，继以赛亚之后第二个主要的先知。

再谨慎地把这些部件安在这匹小马身上。最后，我们还是以失败收场，只好寻求专业人士的指教。后来，我向一位“活泼”的女士讲了这件事。她本人是精于此道的。在听完之后，她无情地嘲笑我，鄙夷之情洋溢其间。实际上，驯服马匹并不关我的事，这应是专业人士去做的。对于人类而言，马匹不过是一种方便的交通工具。当然，我不会对此耿耿于怀。但若是我因为她不能说出莎孚体诗[①]与阿尔凯奥斯四行诗[②]之间的区别而嘲笑她的话，那么她就不会有那种鄙夷之感了。

当前这种趋势最为显著的一个特点就是，由对竞技体育的狂热而产生的自满与骄傲。我希望自己能为此开个药方，但我唯一能做的就是追求自己的爱好，并且坚信自己的追求至少与那些运动员一样具有意义。正如在上文所说的，我可以举起一面反抗的旗帜，集合那些乐于平和、心智清明的人，他们热爱自由，不愿随大流而放弃这种自由，除非能找到一个比“随大流”本身更好的理由。

① 莎孚体诗（Sapphics），是以希腊女诗人莎孚（Sappho）命名的莎孚式诗（体）。

② 阿尔凯奥斯四行诗（Alcaics），是以古希腊诗人阿尔凯奥斯（Alcaic）命名的四行诗。

大学之窗

From a College Window

第十五章 浅谈“灵魂”

我突然觉得人性中某种古老的遗传在潜入我的体内，一种对于未见之物存在的恐惧，这让心智失灵，扭曲与夸大了眼之所见、耳之所闻。在这种情形下，人们是多么容易变得紧张而又充满期待。

某天，我与一位牧师朋友坐在他的花园里。这是一个十分美丽的花园，修葺得也好看。四周环绕着参天大树与成荫的树木。在花园的右面，教堂的塔楼傲然地耸立在茂实的榆树之上。临着清风，我们见到了一个很普通的粗犷牧场。牧场与花园仅被一堵小墙隔开。牧场的表面很不平整，好像在过往某个年代曾被挖掘过沙砾。在牧场的一些地方，还可见到一些残垣，有些仍然竖立着。

教士指向那个牧场对我说："你看到那堵墙了吗？我要告诉你一个很有趣的故事。当我四十多年前来到这里的时候，我就曾问过一位花园工人：这片牧场之前到底是用来干吗的？因为我从没见到任何人来这里或是野兽出没此地觅食，但这里却又四处空旷，没有栅栏，看上去只是一片荒野而已。这里到处都有矮小的灌木丛与荆棘。但那位老员工却不愿意告诉我。后来，通过一些间接的途径，我发现这个看似普通的地方有一个很有趣的名字，当地人称之为'天国之墙'。走在那片土地上是不祥的。事实上，没有一个村民愿意到那里去。老员工也没有说出其中的原因。但最后，他说这是因为这里被鬼魂所缠绕，虽没有人见到过任何异样，却是一个不祥之地。"

"当时，我也就没有深究了。虽然我还是经常会到这片土地。这是一个十分宁静与美丽的地方，四处生长着灌木丛，小鸟在这里无忧无虑地筑巢，在这里都可以看到金翅雀的巢屋。"

"后来，人们因为需要做排水槽，就在这里开挖了一条很宽的深沟。一天，有人跑过来告诉我说，工人们发现了一些东西，问我是否想去看看。我去一看，原来他们所发现的是一个巨大的骨灰坛，里面装着一些煅烧过的骨头。我将此事告知庄园主，他是隔壁一个教区的治安官。于是他与我开始留心工人们的发现。后来，我们又出土了第二个坛、第三个坛，里面都装着骨头。后来我们还发现了一个体积蛮大的玻璃容器，里面同样装着骨头。治安官对此产生了浓厚的兴趣，最后决定将整个地方都挖一遍。我们发现，在那一堵石墙——你现在还可看到它的废墟——包围下的一大片圈儿占地，还有两个墙角都发现了埋在深坑中的巨大木灰存放处，看上去曾被大火烧过。这两个角落的墙角都被煅烧过，而且还有烟熏的痕迹。我们总共发现了50到60个左右的骨灰坛，里面都是装着骨灰。而在另一角落里，则发现了一个烟囱状的东西，好像一口井。我们用粉笔做记号，一步一步地挖掘，最后发现里面也全是煅烧过的骨头。我们还发现了少许钱币。在一个地方还发现了一大堆铁锈，看上去好像一大堆当时的工具或是武器。后来，我们请来了古物专家对此进行研究，他们称这些是罗马时代的葬场，相当于古代的公共火葬场。埋在这里的人们都没钱进行单独的葬礼，只好带到这里焚烧了。若他们没有地方放置骨灰坛，则可把坛子埋在这个地方，可能当时他们也从没想过要迁移。你也知道，这里之前曾有一个很庞大的罗马聚居点。山上也有堡垒，在其邻近地方也发现了几个规模比较大的罗马时代别墅废墟。这个地方的确是显得相对孤单，远离城镇。也许，当时这个地方被森林所覆盖。但让我深感奇怪的是，这里作为一个不祥之地的传说在几千年之后仍然流传，过了许久之后，人们才知道这块地方的原始用途，这难道不让人惊奇吗？”

这确实很让人惊奇。在教士走后，我独自一人沉浸在这个富于传奇色彩的故事之中。我的思绪在发散，我想到在森林空旷的地方中，曾矗立着高高的城墙，也许当年阵阵呛人的烟气如波浪般飘向城墙的每个角落，诉说着里面举行的让人悲伤的仪式。我能想象到，那些黯然神伤的死者家属抬着棺木走到城门，表情呆滞，等着这道大门被那些表情忧郁但身躯硬朗的汉子猛然打开，让他们看到这片丑陋的圈地。在炉上堆满了木材，接着就是进行那让人肝肠寸断的最后仪式。之后就是焚烧尸体与骨灰满天飞的情状，接着木然地收集着骨头——离去的那个人又是那么的亲切——他可能是一位威严的父亲或是一位慈祥的母亲，可能是一位稚气未脱的小男孩，或是一位单纯的处女——而他们现在都被装在这个小坛子里，然后就是最后的下葬。这个地方肯定是见证了太多这样欲哭无泪的伤悲！这个地方后来被罗马人弃置，城墙也坍塌成废墟，最后被荒草与灌木所取代。再后来，随着文明地域的扩展，这里的一片森林被砍倒或是被烧毁。但这个地方那让人哀伤的传统却让其至今仍是一片荒凉，直到所有关于这个地方的所有回忆都消逝。在萨克森[①]时代，人们就已认为这个地方被古老的幽魂所萦绕。那些在此接受最后仪式的不安分灵魂四处游荡。所以，这个地方被视为是不祥之地。

我继续思考着这种奇怪而又难以从人类思维中抹去的传统，这种传统还是那么具有生命力。人们认为某些地方是被死者的灵魂所萦绕的。我们很难相信，一种传播范围如此广泛而又如此普通的传统，竟然在现实中找不到任何证明其存在的证据。除非发源于这种传统的世间灵魂的表现形式

① 西元5世纪中期，大批的日耳曼人经由北欧入侵大不列颠群岛，包括了盎格鲁人（Anglo）、萨克森人（Saxons）、裘特人/朱特人（Jutes），经过长期的混居，逐渐形成现今英格兰人的祖先。

发生了改变或是它们本来就有某种真实现象，现在却由于某种原因停止其表现形式，否则，我们是不可能找不到任何其存在的证据的。事实上，我们确实没有找到。心灵学会的工作人员正在认真地对这些事情的真相进行调查，结果却遭到不少人的讥笑。最后的调查结果是，根本不存在任何关于所谓鬼屋的证据。那些看上去让人信服的故事，通常在经过认真的调查之后，就站不住脚了。我以为，这些看似荒诞离奇的故事是以一种极其自然的方式在人们之中传播开来的。对于普通人而言，相信赋予肉体生命的灵魂在脱离肉体的时候，很可能滞留在其受难或是死亡的场所，是很自然的想法。事实上，若灵魂真的有某种自我意识的话，那么它一定会愿意停留在它所爱之人的身旁，这种想法也是很正常的。但是，这些故事难以自圆其说的一点是，这些灵魂常常是某些穷凶极恶行为的受难者的冤屈灵魂，而非作恶者的。这些受难者的灵魂在其受难之处发出一些“哀号”或悲伤的暗示，以让人们知道其存在。但鉴于人们认为灵魂会在其临终所在地停留一段时间，那么人们本能的恐惧、那丰富的想象力以及强大的自欺能力，就会完成接下来人为构想的一切。

研究者说，唯一一种超出合理性之外的故事，是关于人在死亡之时的一种特异现象。研究者以某种心灵感应来解释这种难以预测、但又实际存在的力量，尽管这种力量的状况以及其限制的条件都不为人们所知。心灵感应是心灵之间无需语言媒介就可沟通的一种特异现象，在某些情况下，甚至可以在相隔遥远的情形下发生。这个假设的理论认为，一个人在临死之时，就会在另一个特定的人心中产生一种巨大的力量，这种力量之巨大足以让接收者直接透过空气来接收这些信息。这种心理图像化的存在是很常见的吗？事实上，我们每人或多或少都有这种能力，都能记得我们在梦境中所见到的。我们以一种视觉画面来记住梦中的人物，虽然它们只是由单纯的心理概念转化为可视的情形。而梦境画面所带来的印象，现在看来与视网膜所接受到的画面带来的影响是相差无几的。当然，这是很奇怪的，但绝不会比无线电报技术更让人感到奇异。事实可能是，心灵感应的条件可能终有某天被科学所界定。到那时，我们就可以像对电的发现前后那样——比如，通电之后的物体会变成琥珀色与雷雨之下的电闪相联系——把这一系列的现象做一个我们现在还不能做到的清晰与内在的联系。以前，人们无法了解上述两种现象间所存在的联系，但我们现在知道，这只是同一种力量的两种不同表现形式罢了。同样，一些我们已经熟知但不知所以然的现象，可能被证明是某种发自内心的感应力量的种种表现形式——我认为这些现象的不同表现形式，就好像勇敢前进的士兵所具有的气势与一大群人沉浸在狂热之中相似那样。

我想，人们应该赞赏与支持心灵学会所做的耐心的工作。而仍有一些人嘲笑他们试图用科学的眼光去看待这一问题的努力。其实我们应嘲笑的是那些轻信与心智浅薄之人，嘲笑他们在这些事关灵魂问题上的浅尝辄止。这些尝试拓展了我们对人类心灵最可悲、可叹区域的视野，即一种让自身深信的能力，还包括脆弱与幼稚。若是人们所称的这些媒介都是真实存在的，为什么它们不能以一种公开与不容置疑的方式来显露“真身”，而是在黑暗与兴奋之时——这些人类自欺能力达到峰值的时候才徐徐显露呢？

一位朋友告诉我一个他自认为是很奇怪的故事。这个故事是关于一位牧师的。某天，这位牧师突然被一股强烈的心灵力量所控制，他觉得在布里斯托尔[1]有人急需他。于是，他就坐火车来到布里斯托尔。漫无目的地闲逛了一天，最后在晚上住进了一间旅馆。第二天早上，他在咖啡厅遇见一位朋友。他告诉这位朋友自己来到这里的原因，接下来想要乘下班火车离开这里。这位朋友告诉他，在旅馆里有一位澳大利亚男人正处于垂危之中，急于想找一位牧师为其进行最后的祷告。牧师于是去找到那位澳大利亚人，为他进行最后的祷告。当他找到那位澳洲人的时候，发现自己在澳洲旅行的时候见到过他。当时那位澳洲人就为这位牧师的布道所深深感染，并希望有朝一日，这位牧师能为他进行最后的祷告。牧师为这位垂死之人进行了最后的祷告，给予他一些鼓励。最后，这位病人安详地死去。之后，他把自己受到神秘召唤来到布里斯托尔的故事讲给这位病人的妻子。她回答说自己整天都在祈祷，希望这位牧师能尽快赶来。无疑，他是收到了她的祷告。

但这个故事让人难以信服的部分在于，人们竟会宽容这位妻子的极度马虎与不负责任的作为。这位女士知道牧师的名字与地址，完全可以写信或是发一封电报过去。那么，牧师就可免于一场漫无目的神秘旅程以及旅馆一晚的无谓开销了。更为离奇的是，通过与第三者的偶遇才使这个故事变得可能，而这个第三者与故事的关系本是不大的。但若是没有他，这位牧师早已离开了这座城市，余下的一切也就不可能了。人们不禁会想，这位牧师在工作的时候，是否是以一种很笨拙的方法去做，或是沉浸于《福

① 布里斯托尔（Bristol），英国西部港口。

尔摩斯冒险史》般的神秘之中。如果人们将这个故事当作一种超自然力量的体现的话，那么至多只可认为是一种充满了欺骗的精神力量，正如《暴风雨》中的艾莉尔，在获得最后结果的时候，需要精心安排的富于戏剧性的段落。但实际上，双方只需一点点的常识即可获得更为圆满的结局。若这位女士不是一味地祷告——这种做法看上去实在是太慢了——为什么这种所谓的超自然力量不让她灵机一动，想一个更为简单的办法——即是翻看一下牧师的名单呢？无疑，这个故事在普通人心中会产生深刻的影响。而事实上，倘若人们认真思考的话，即便这个故事本身是真实的，人们也会将之视为一种虽可亲却肤浅的力量，那么，人们就不会沾沾自喜于这种精心布局所带来的精妙感叹了。

事实上，一般人在类似的情形下所追求的并不是一种科学上的认知，而是一种心灵自我幻想形成的景象。只要人们愿意坦陈他们所寻找的只是后者的话，就好比在《匹克威克外传》[①]中那个肥胖的小男孩，他们只是想让自己的身体匍匐前行而已，并不会造成什么伤害。而对于那些真正想寻求感官刺激的人而言，他们并非以科学的眼光去看待这个问题，这才是一个真正的危害。与所有人一样，我也很喜欢听那些鬼故事，对那些虔诚之人所得出的哲学结论也深感兴趣。但正如某人在看到《艾丽丝镜中奇遇记》[②]里的白皇后（White Queen）时，以自命不凡的姿态做着所谓的科学解释一样，听这种人讨论这个问题的时候，在早餐之前，就能让自己去相

① 《匹克威克外传》（*Pickwick*），英国作家查尔斯·狄更斯的第一部长篇小说。

② 《艾丽丝镜中奇遇记》（*Through the Looking-Glass,and What Alice Found There*），英国作家刘易斯·卡罗尔（Lewis Carroll，1832—1898年）著。

信许多不可能的事物。这类人是最能引起我心理与道德上的恶心的。

随着人类自我欺骗的案例不断增多，耐心的研究者仍继续工作，希望能获得关于这方面的科学证据。但他不得不承认，所有的证据其实都是无从证实的。而那些看似能支持事实的传闻，实际上根本不足为信。而研究者所能证实的唯一一点——在固执的怀疑论者看来是不能接受的——就是只有在某些不正常的例子中，才真的存在两个活人能直接出现心灵感应的可能性。

当我思虑这些事情的时候，天色渐晚，昏黑渐次覆盖在矗立着残垣城墙的旷野上。我突然觉得人性中某种古老的遗传在潜入我的体内，一种对于未见之物存在的恐惧，这让心智失灵，扭曲与夸大了眼之所见、耳之所闻。在这种情形下，人们是多么容易变得紧张而又充满期待：

直到眼疲耳倦
冥冥中，有某物在控制着
使可怖的内在感官不被唤醒
唯恐其将
空虚与黑暗的恐怖
萦绕生命

独自面对这无法穿越的神秘，而自己心中惦挂的所爱之人，却正悄无声息地滑进那道永远昏黑的门槛。若我们徒劳无益地用力拍打这扇紧闭的大门，又有什么好大惊小怪的呢？若没有这样的举动，反倒让人觉得奇怪。因为终有一天，我们也要去那里。那些业已逝去的灵魂以及我们所爱的灵魂，还有那些古罗马人的灵魂，在岁月的流逝中，已成灰烬，只是装在我们今天所见到的坛子里面。他们知道人所能知道的一切，明白那个既严肃又可怕的真理，而这个真理的秘密却是我们所无法看透的。但“当我们心灵思虑至极痛之时，其实它就在那里”。

第十六章 论“习性”

习性绝不该以一种不顾他人情面或是压迫他人的方式展现出来。真正的胜利是既要有习性，同时要能掩盖住它。

在我们今天所熟知的《文艺复兴时期文集结语》[1]一书中，沃尔特·佩特曾在高尚的享乐主义宣言中，以一种神谕般的口吻说道："形成习性是生活的一大败笔。"而想说出"神谕"的困难之处在于，人们必须要将某句话浓缩成最为简练的形式。当有人这样做的时候，通常这句话看上去的确是涵盖许多方面的，但也有许多方面不在此列。所以，若想说出一句既简洁又主旨宏大的话语，是不甚可能的。在佩特所说的这句话中，他将心理定位牢牢地集中在一个特定的现象。但他在说出这句话的时候，忘记了他的言辞应用到实际生活中可能是会误导人的。无疑，他这句话所针对的是人们的一种常见心理倾向：在人生早期生活中，过早地形成知识与道德上的成见，且变得根深蒂固，让我们无法全面地审视事物，或是本能地不给我们讨厌的事物一个公平申述的机会。实际上，许多人在中年之后，对待别人所持的不同观点，很容易形成思想上的保守。正如蒙田所说的那样，他们的思维定式让其对自身的观点自视过高，觉得别人的观点应如废纸一般燃成灰烬。这种思维定式是应该受到严厉谴责的，但令人遗憾的是，这种情况却是普遍存在的。一位通情达理的聪明人一般不会接受与其心中所笃信的观念相悖的其他观点，我可以坦白地说，这种现象是非常普遍的。在争论中，我们很少遇到某人会说：嗯，我之前从未这样想过这方面，你所说的确实应在考虑范围，你的话改变我原先的看法。这样的情形实在太罕见了。在今天这个社会，这种态度会被那些心智灵敏、精力旺盛的人视为某种软弱，甚至是多愁善感的表现。我们会听到

① 原文：Conclusion to the Renaissance essays .

别人这样说：一个人应有勇气去坚持自己的观点。但更为难能可贵的是，一个人有勇气改正自己的观点。诚然，在公共生活中，人们普遍认为改变自己对某事的看法就是一种背信弃义的行为，因为人们把他们所忠于的东西看得胜过真理。无疑，佩特所要表达的意思是，一位哲学家的责任或是“特权”就是保持其内心对新事物的印象，随时准备去观察事物在新形式下所产生的美感，要像青年一样为艺术与生命注入新鲜的活力，而绝非安于以往形成的一成不变的视野。

佩特那句话只是谈到了一种心理过程。他所谴责的是那被成见与习性所蒙蔽而让自己变得呆滞与黯淡的习性。正如查尔斯·兰姆[①]曾睿智地说过的，这种趋势就宛如每当新书出版之后，人们就跑去阅读之前出版的书籍，进入一种“坐在火炉旁，趿着拖鞋”的思维框架之中，然后抱怨新书缺乏新意，埋怨当今的年轻人违背了所有关于信仰与艺术的神圣原则。

但这与了解自己的能力范围并非完全是两码事。无论是艺术家、作家、评论家或是实习者，他们都应去运用这种力量，然后决定自己在哪个领域中更能大展宏图。事实上，一个有艺术气质的人很有必要将自己的精力集中在某个具体领域，虽然他可能对许多领域都很感兴趣。在这方面，佩特本人就是一个极佳的例子。他知道自己的戏剧天赋很弱，就毅然地放弃了戏剧。当他发觉一些个人风格很强烈的作家会对自己的风格产生某种可怕的感染之后，就毅然地不去阅读他们的作品。但在他专注的范围里，他做到了无所不通，且对别人表现出一种理解与同情。他从不让自己脑中

① 查尔斯·兰姆（Charles Lamb，1775—1834年），英国散文家，代表作有《莎士比亚戏剧故事集》（*Tales from Shakespeare*）。

的知识停滞下来，绝不将它们包裹好，然后贴上某个标签。而这正是许多年龄介乎30到40岁的中年人常犯的一个毛病。

但在下文，我想谈一下关于形成习惯这一范围更广的问题。有人说佩特的宣言是完全错误的，他们说生活的成功更多是源于形成某种良好的习惯（当然不能以损害健康为代价）。实际上，佩特本人在这一点上就可作为一个极佳的例子。他在文学方面是高产的。他以一种让人震惊的叙事方式及精妙的写作方式，让读者为之叹服。但他的成就是通过一种极为耐心与勤勉的劳动所获得的。他并不像某些作家那样，在某个旺盛的创作期文思泉涌，在低潮期则是不落一字。也许，若他像弥尔顿的朋友那样，有足够的文思去创造“电光火石”的文章，或是随心所欲地行文，那么他的作品会显得更为自然烂漫。但佩特的秘密就是始终如一地执行自己的方法，通过不懈的努力获得极大的成功。

从我的朋友中，我可以举出两三位既道德高尚又聪明，且具有让人赞叹的幽默感与激情的人。但他们却在人生中不断地遭遇失败，离理想也渐行渐远。其实，原因是很简单的，他们只是缺乏一种习惯。谁都知道马洛克[①]曾睿智地描写道，当某人40岁的时候，他的朋友还说，他仍可以做自己想做的任何事情。在年过40之后，真的可以随心所欲地做他所选择的事情吗？我有一位朋友，他是一位富人，有很多的空闲时间，天生具有成为一位作家的潜质。除了承担作为一位小地主以及一个家庭的父亲的责任之外，他没有其他特殊的责任。他是一位阅读广泛之人，其评论常带有某种

① 全名威廉·H.马洛克（William Hurrell Mallock，1849—1923年），英国作家。

微妙与共鸣所要求的敏锐。他热衷于写作，还写了一本书。整本书填充着许多美好的思想，这么多的素材足够让一位稍有文笔的作家写上半打左右的优秀书籍。他是真心想写点好东西出来，但却始终没有。有时，我觉得自己有义务去问一下他，在他空闲的时间里，为什么不写更多的书呢？他脸带忧郁的笑容说："天啊！我怎么知道呢？时间就这样无声无息地溜走了。"我尝试寻求其失败的原因。其实很简单，他从没有把一天的某个时段作为自己的写作时间。他任由自己被打断，不时要招待那些自己本不想接见的客人。他到处"闲逛"，面带愠色，像一只鼓着肚子的青蛙。他与客人绘声绘色地谈论着，若是这些宾客能像博斯韦尔①那样勤奋的话，也许他就会问一些有见地的问题，然后认真地做些笔记。那么在一个月之内，他就可利用那精妙与富于建设性的谈话所涵盖的内容，来填充一本让人深感美丽的书卷了。人们会说他熟谙生活的艺术，谈话有如"闪耀着最纯洁的闪光而又静谧的宝石"，又如"在隐约中近在眼前的花朵"。但所有这些都浪费在那些不懂欣赏的宾客之中。若这个世界真的有什么责任或是义务的话，那么撒播自由与慷慨的知识种子就是那些天赋禀异、笔触优美以及具有诗化语言的人的责任所在。我们英国人当然是一个优秀的民族，但我们在智力、理解力或是魅力这些方面真的比其他民族优秀吗？若我的这位朋友是一位专业人士，必须要靠笔杆子来维持生计的话，我深信他会奉献给这个世界许多优秀的作品。这也算是为扩大我们国家的影响做点贡献吧！

① 詹姆斯·博斯韦尔（Boswell Tames，1740—1795年），英国杰出的传记作家。著有《萨缪尔·约翰逊传》（*Biography of Samuel Johnson*）。

当然，在某种程度上，让习性变得苛刻则是错误的。人们不能因为日常的一些计划稍被打破就变得恼怒、暴躁。人们在拜访别人、谈天说地的时候应能享受到那份休闲。正如约翰逊博士所说的，他们应时刻准备投身于无忧无虑的生活之中；另一方面，若某人过于严肃地对待自己——我并非指那些有明确目标的人，而是指作家、艺术家这类可以自由选择工作时间的人——他们应有一个固定的规律，但又不是一成不变。若他们拥有如瓦尔特·司各特[①]那么旺盛的精力的话，他就可以早晨五点起床，在早餐之前就能写下10页不朽的文章了。一般来说，正常人旺盛精力持续的时间是很有限的。因此，若他们想要做一些有意义的事情，就要好好地利用这段时间。一位艺术家应有属于自己的神圣时间，在这段时间里，免受外界的打扰。之后，他可以随心所欲地选择其他娱乐节目消遣度日。

当然，若是某人所做之事正是他最感兴趣的，这就更好了。对于那些喜欢自己所从事的工作且从中获得愉悦的人来说，其中存在一种危害的倾向——那就是这种愉悦可能强于从其他任何娱乐中所得到的愉悦。许多人都会为自己过于沉浸于工作而感到不幸福。我们决定一旦去做某事，就不要关心是如何开始的。我们阅读一下报纸，写几篇文章，看一下某某人所住的地址，或是对当代的传记入迷，很快又是该吃午饭的时间了。然后，我们就会想若是稍做运动的话，精神可能会更舒畅一点。在喝完下午茶之后，望见天空又是如此的美丽，觉得若不去看一下夕阳西下的壮景，那会多么可惜啊！于是，就动身去看了。当我们回到家里，钢琴又好像张开了

① 瓦尔特·司各特（Walter Scott，1771—1832年），英国诗人和小说家。代表作有《最后一个吟游诗人之歌》。

双臂，于是我们又小弹几曲。此时，铃声响起了，是该更衣的时候了，一天也就这样过去了。因为我们不信任在晚间创作的质量，于是，我们在适宜的时候上床就寝，一宿无话。一天就完完整整地过去了。而一本“巨著”却还没写一字呢！

我们应该审视一下自己，我们状态最好或是精力最旺盛之时足以支持工作的时间有多久。那么，我们就围绕这些固定时间来安排社交、休闲与娱乐活动。若我们有某种利他主义的想法的话，可能会说自己有责任去看看我们的同胞，不应让自己变得阴郁与孤独。总之，有很多借口可找。但是，艺术家与作家们应意识到，他们对世界所肩负的责任就是，看到美好的事物，尽可能地用简练与吸引人的文字记载下来。若一位作家写了一本好书，那么他可以在字里行间与读者交流很多事情。他将自己最好的思想留予读者分享，这才是最明智的选择，不应让这些思想在闲谈中黯然流逝。当然，作家必然要把观察各种人物的性格视为自身的责任，因为这些是创作的素材。若他自我封闭或是孤芳自赏的话，他的作品就会变得思路狭隘与矫揉造作。而在许多作家中，心灵之间的碰撞最能擦出耀眼的火花。

接着，我们要谈论一个更为宽广的范畴。无疑，养成良好的习性或是守时这种习惯，应成为我们的一种责任。这并非站在一个人为拔高的角度来说的，而是因为这可为人们带来巨大的幸福与便利。过去那些故事书里所蕴涵着巨大的价值——或许有点夸大了——就是关于时间方面的。人们一定要重视时间，无论这到底意味着什么。我在儿时常在一些小书中读到的一位典型的母亲，就是一位准时在早餐桌前出现的女士，腰间挂着一串响当当的钥匙。早餐过后，她会出外拜访一下，看看橱柜里是否还有存货。然后，她就会坐下来，读些书或是在火炉边刺绣。在下午时分，她会怀着一颗慈善的心去拜访别人，将午餐分给一些贫穷的邻居。在晚上，她就会在火炉旁忙活着，此时在一旁则有人大声朗读着什么。上面这些描述构成的并非是一幅具有吸引力的画面，当然也并不是那么的无聊。在我所读的这些书中，通常让母亲对那些正确的信息生发过度的尊敬或是对那些沉湎于想象之中的人产生一种虚假的蔑视。比如哈里与露丝两人，其中露丝是书中唯一的一个女人，但她却被那个顽固且对机械极感兴趣的哈里所蔑视，也被那个让人厌恶的父亲冷落。这位父亲总是乐于解释哈里抛出的石头所受到的重力及形成的抛物线。在这些年代久远、枯燥却又带着深意的书籍中，被低估的是那种生动的形象给人带来魅力的价值：一种天马行空的想象，一种简单而又和睦的邻里关系。这些书的目的并非是要给人传输某种正确的信息。时至今天，这个钟摆已经进入了另一种状态，人们要求孩子快快长大，脱离那种稚气，但在那些简朴且富于深意的家庭生活中透出平淡的魅力。

关键一点是，我们要养成某种习性，正如手帕上的贴边将布料紧紧连在一起，但这种习性绝不该以一种不顾他人情面或是压迫他人的方式展现出来。真正的胜利是既要有习性，同时要能掩盖住它。正如罗斯金的那句著名宣言：艺术家的目标应适用于整个社会，然后他就该宣布放弃这一点了。我们为人应该要诚实可靠，不需别人提醒，自觉完成属于自己的任务，以一种坦然自若的心情去履行职责。若是某人具有表面上休闲的优雅、一种似乎永不被打断的能力，以及随时能引人娱乐或是被人娱乐的好性情的话，那么此人就是在攀登完美的阶梯。若某人想要在世上做到最好的自己，就必须要有一种真诚、认真的态度。我们没有必要去炫耀自己的认真态度，人们会想当然地认为，别人同样也是严肃认真的。在许多情形下，身体力行要比金玉良言更有效果。但若是不能两全其美的话，那么最好还是让自己认真点，并且表现出来，胜过公开鄙视或是谴责认真这种性情。我们宁愿让别人知道自己有习性，也好过通过不断躲避别人自负的指责而失去自己的灵魂。在这个随和的时代里，后者只会招致人们极度的憎恨。

大学之窗
From a College Window

第十七章　浅谈“宗教”

一位信仰者真正所要关心的应是自身对生命的态度以及他与周围人的关系。在其中，他可以找到自己。

我们其中的某个人被命运之神击倒，悄无声息地走完了人生的最后旅程；重大灾难或丧亲之痛萦绕在我们的生活之中。我们步入了精神的阴翳，一些难以言喻而让人绝望的苦痛侵袭着我们所爱之人，对于他们而言，死亡是唯一的解脱。我们意识到，这一切都没有任何解释、没有任何宽慰。

我愿在每个礼拜场所都能看到这样一句醒世恒言：你应默然地让我获得智慧。这既是一种期盼又是一份警醒。这是对那些想跨进这宏大而神圣的神秘之域的人的一个邀请，也是对那些相信宗教本身就是宗教秘密所在之人的一份警醒。在下文中，我不会讨论关于宗教不同教义、某个象征所具有的价值或是祷告所具有的崇高意义的话题。我更想谈谈宗教本身。我相信宗教被许多人深深误解着。这种误解程度可以从以下这些例子看出："宗教"（religion）这个字眼，本该意味着世间最美好与简单的事物，但却散发着并不诱人的芳香。一个普通人所见到的宗教仪式是多么的烦琐啊！其中夹杂着古怪与邪恶的实质。而那一成不变的字眼又是多么的黯淡与伤痕累累。它显现的光辉是多么的暗淡，其纯洁又被世人玷污。这些美好的字眼，也许是唯一一个能表达我真意的字眼，但还是被所谓"技术上"的东西笼罩着。这一切让其看上去沉闷，而非有趣；让人觉得疲倦，而非愉悦。同样的情况出现在许多其他意味美好的字眼儿中。这些本意美好的字眼落入那些心灵愚钝、古板与让人反感的人手中，直到它们原先那光芒被完全遮蔽，锋利的尖角被磨钝。

我所说的"宗教"一词，其所蕴涵的是一种力量，不论是哪种具体的力量，可让人们敢于挑战艰险而并非乖乖就范；选择高尚与崇高，摒弃卑鄙与自私；将勇气置于胆怯之人的心胸，把快乐之清风吹进灰霾覆盖的精神之中；可以给那些处于悲伤、不幸与失望的人带去安慰，让他们愉悦地接受重担。总之，它可让人超然于物质的控制，踏入更为纯粹与简朴的宗教之中。

这些美好的东西离我们是如此之近，好似空气与阳光，我们只需伸出双手就可抓住。但这些美好的事物却被那些貌似能力出众、道德高尚的人不择手段地攫取，然后再错误地引导人们。因为他们知道这是多么宝贵的东西，然后将其严严实实地包裹起来，束之封存。因此，这些如空气与阳光一样宝贵的思想变得如此的遥远，让那些依赖其生存的人们的生命与思想贫瘠起来，以致一些人无法自如地呼吸，从来不知道美好其实近在咫尺。“他是一个好人吗？”一位虔诚的卫理公会教徒的朋友问道。他回答说：“是的，他是一个好人，但不是宗教意义上的好人。”他的意思是，这个人作为基督徒是善良、纯粹与无私的，但却没有参加过任何礼拜的活动。因此其行为是没有任何宗教因素驱使的，而只是被一种毫无价值的本能浑浑噩噩地指引着。

现在，若是世上有某种神性的旨意可让宗教摆脱其严实的包裹，那就是耶稣基督的传道了。到目前为止，我们可从那些口头传承下来的模糊而又神秘的原始手稿中看到，耶稣基督旨在让每个谦卑与简朴的灵魂都能聆听宗教的教诲。无论后世人对这些记录的具体文字有何疑问，无论人们如何认为这些事件被时间或时代所染色。现在看来，耶稣的言辞是源于对他的记叙。尽管人们对此还不能作最充分地理解，正如这些用语言所包含的思想超出了当时记叙这些话语的人的理解范围。因此，这具有一种真实性，而那些收集与记录这些言辞的人对此都不能把握，更是能够证实这一点。若是那些记录者都不是心智敏锐或有深邃思想之人，就难以判断其真伪了。

要想用精确的语言来表达耶稣基督的教义是一件极为困难的事情。但我们可以肯定地说，他的教义绝非是一个体系，也非一种信条，而是对每个心灵所发出的一种信息。但这种信息被世界的纷繁复杂与宗教仪式的烦琐搞得让人茫然。耶稣让人们相信造物主也是一位天父，而从世间那难以克服的苦难中挣脱出来的唯一途径，就是简朴、真诚与爱的途径。一个人应将那些侮辱或是刺伤心灵的东西统统赶走。人们应该如关心自己那样去关心别人。这是对所有野心、残忍、奢侈以及自欺欺人的一种反抗。这表明了一个人应接受其自身的性格与所属的位置，将这些看成是上帝赐予的礼物。他应让自己心平气和、纯粹、谦卑且富有爱心。耶稣为世界带来了全新的准则。他指出了许多受人尊重的可敬之人实际上是远离天父的；而许多默默无闻，深感自己罪恶与可悲的放逐者却能发现那些目空一切的狂妄之人所不能发现的秘密。从来没有一个信息能带给世界如此多人以希望，而《启示录》中令人震惊的部分正是因为其简单。不需要财富、智慧、地位或是道德上的完美，那最单纯的孩子，被世人遗弃的罪者，可以与那些受人尊敬的政治家一样接受上帝的礼物，最睿智的圣人是最简朴的。正因为世事纷繁、人心叵测，对财富的虎视眈眈，蒙蔽着灵魂，让人无法实现真正的自由。

耶稣就是以这些原则度过自己的一生。他历经重重险境，尝尽世间种种苦难、失望与耻辱。在临死之时却没有让人觉得恐怖与痛苦。

自那之后，宗教就开始了堕落的过程。一开始，这些伟大的秘密在世界上默默地从一个灵魂传递到另一个灵魂，整个世界都在潜移默化之中。但即便如此，利用人类弱点而展开的，俘获及改变宗教真正信仰的过程就逐渐开始了。首先，那些富有智慧的人了解到这一点，形而上学者则认真审视着这些谦卑与甜蜜的神秘，然后费尽心思用各种明确的定义来装饰，用各种古代体系来使之获得表面上的和谐，使之教条化，让其语义变得艰涩、模棱两可且毫无启发性。而那些生动的暗喻及描述被抛弃，然后转化成某个具体的原则。这种对于最初听者的极大误解竟妄称拥有神主本身一样的神圣。即便如此，这种光明与美好的精神仍在传播，若一条清澈的小溪，让干涸的地方焕然一新，让沙漠的贫瘠如玫瑰般地盛开，直到最后，世界本身就在其繁华与壮丽之中。这让人们意识到，在人的心灵之外必然存在一种强大的召唤力。然后，世界本身决定去俘获耶稣基督。这一过程所带来的悲惨从历史书中的记载中可见一斑。直到最后，那纯粹的生物，如一个野蛮的俘虏，虽然闪着青春与美感，但却被金色的牢链驯服，唯唯诺诺，一脸茫然与惊讶，对那些驾着马车的征服者俯首称臣。

让我举一个明显的例子。在任何一位公正的观察者眼中，世上应该没有比宗教仪式以及被壮丽场景所包围、森严等级之绝顶的教皇更为可信的人了吧！但他能够成为教堂门廊前某位农夫的代表吗？答案在历史演进的悲惨过程中是一目了然的。随着整个世界基督化的加深，一些人认为不能放弃其在社会等级、个人野心、权力及影响上的贪慕之心。不受束缚的基督教本身就是一股危险与具有颠覆性的力量，必须要被驯服与钳制，必须被绳索牢牢套住。教会被视为一个高贵的机构，因此，基督教的本义也成为贿赂、阴谋与世俗争斗的受害者。

我从来没有否认过基督教在激励难以计数的心灵去追求简朴、爱心与勇敢上的作用。这些秘密所蕴涵的力量是如此的巨大，这股重要的力量是不会失去其效力的，在真理与美感被世俗所俘获的情况下仍旧生存着。但它并没有成为最自由、最自主的力量，反而成为最专制、保守、僵硬的一个系统，正如在《格列佛游记》中所说的，这是一个巨物，但却不能发挥其相应的巨大作用，而是被一些微不足道的小事碍着手脚。

在我看来，礼拜存在的唯一可能的理由就是，这是一种有意为之的行为，开启通往天国的大门。任何宗教所带来的影响都是让感激与平和充填心灵，让人们变得谦卑、耐心与睿智，让其明了获得幸福的唯一途径就是让自己的心灵与上帝优雅的目标协调一致。

所以，宗教及礼拜的影响就越来越重大，因为宗教的严肃性是灵魂接近上帝的一扇门。但是所谓的宗教礼拜只不过是通往这道美好、高贵的真理大门的一个便门而已。在那繁星点点的天国之中，人们的心中充溢着一种渴盼的神秘之感。人们会赞美高尚、勇敢与耐心行为所具有的美德。人们会看到在世上散落的美感被艺术或音乐糅合起来，带来一种神秘与乐趣，让人心驰神往。在这些时候，所有这些都更加接近上帝，开启灵魂让神性进驻心间。

现在，人们必须要问以下这些问题：那些自认为是基督徒、赞美耶稣基督的精神、相信东方之星仍旧以一种毫无遮拦的光芒照耀在那个儿童出生的地方的人，他们是真的忠于他们的主吗？他们会以《福音书》中的教诲来反抗知识上的权威或是世俗的专制吗？我想说的是，他们没有必要去抗议。若他们真的忠于基督精神，他们根本不会有反抗这个念头的生发。耶稣自身的例子告诉我们，把一切放下，迎合世间的一些机构，接受社会的一些框架的束缚是常理。我所说的针对专制，并非是要直接地予以攻击。一位信仰者真正所要关心的应是自身对生命的态度以及他与周围人的关系，不论老幼。在其中，他可以找到自己。他知道，若是耶稣基督的精神真的影响了世界，那么遮掩这种精神的壮丽的场景、恢弘的场面都会如无关紧要的花圈所燃出的烟雾一样散去。他无须为传统的法令、烦琐的仪式、模棱两可的教条以及形而上学的定义所困扰。他要关心的是不同的事情。他要笃信一点，那就是任何罪恶感都不能来去自如地走进心灵深处。他要让自己成为耐心、公平、善良与真诚的化身。他要尝试治愈真正的痛楚。这种痛楚并非是刻意迎合社会趋势所带来的，而是一种与上帝本身的世界所联系而感到的痛楚，让他成为一个安静与平和的人，让他可以自由地享受教堂——这一传统与仪式的综合体——但仍保持着那种精神所带来的美好影响。让他从自然与人为的美感中汲取养分。教堂有着悠久的历史、友善的作风及艺术感，让其本身成为了涵盖建筑、音乐与仪式的洋溢美感的综合体。教堂只有被视为通往神圣与甜蜜的一条特别途径，才是有害的。其被认为是一种确定的神圣化，而真正的神圣则应在此之外。让基督教为其建造出这样富有美感的建筑而感激吧，然后就让人们自由与简单地利用。让世人逐渐觉察到，世上一些公开的继承在于普通人的手中，令其不要寻求说服这个世界，这种说法有多奇怪。耶稣超脱宗教派别，因为他根本没有想到什么教堂。在某种程度上，这是被滥用的。他真正想到的是一种遍布全球的团结之情。真正的基督徒会认可他的兄弟，并不一定是要来自其所属的教会或是派系，只要他依赖于伟大的天父，谦卑、纯粹而富有爱心地活着。

总之，我们都被黑暗的神秘所笼罩。在里面，我们必须要看看自己是否有勇气。我们绞尽脑汁用工作或是舒适的娱乐来填充我们的生命。有时我们独自一人坐在安静的房间里，炊烟袅袅升起，一阵虫鸣响于院角，雨水在树叶中沙沙作响。我们合上书，思考着我们到底为何物，将要成为什么。也许，我们其中的某个人被命运之神击倒，悄无声息地走完了人生的最后旅程；重大灾难或丧亲之痛萦绕在我们的生活之中。我们步入了精神的阴翳，一些难以言喻而让人绝望的苦痛侵袭着我们所爱之人，对于他们而言，死亡是唯一的解脱。我们意识到，这一切都没有任何解释、没有任何宽慰。此时，我们会认为世界是一个可怖的地方。我们为自身的存在付出了沉重的代价。我们的希望、梦想、小小的欲望以及那微不足道的快乐是多么的不值一提。在这种思绪下，我们就会感到那最坚定的信念在闪光，通过暗影之球的细微条纹传递过来。在一个黑暗的世界里，这是人类为自身不能解释的秘密所做的最后尝试了。

在这样的绝望情绪里，我们只能将自己交给上帝那威力无边的意志之手。他让我们来到这里，我们不知道个中原因；他要带我们到何处，我们也是茫然不知。但这一可怕目的所包含的严厉及无情却是某种支撑与持久的力量。我们在蓦然回首自己的一生之时，觉得它完全是冥冥中依照某个计划设计的。我们遭遇到的最严重的邪恶就是，我们必须忍受对必然发生的事情的无端恐惧。我们觉得有一股起伏不定的力量在支撑着我们。我们认识到现在的苦楚并非不可忍受的，世上总是存在某些可以寄托希望的地方。我们读到一些勇敢之人是如何承受那难以容忍的痛楚，并且微笑着直面它们的。当我们最后回头看的时候，觉得这些苦难并非如想象中的那么难受。若我们能下定决心，无论发生什么事情，都尽自己的所能，活出真我的风采，让自己变得勇敢与真诚，努力帮助那些遭受苦难的同胞，保护无辜的人，为那些走上歧途的人指正道路，鼓励他们去争取人生中所有甜蜜的欢乐，让自己成为一个富有爱心、仁慈与慷慨的人，升华自己的心灵；那么，我们就能活得幸福。不要为自己一开始不明白所有事情而自暴自弃或是满口怨言，而是要怀着一颗谦卑与感恩的心，去读完自己那已铺展开的人生画卷！

结 语

夜已渐黑，我起身关紧房门，让自己切断与尘世的思缕。现在，应该不会有拜访者了吧！凛冽明澈的清辉星星点点铺洒在小院里，回廊上的阴翳重重地压在人行道上。从远处看，整座小城在喧哗之后，寂然沉睡。我看到一排排房子、山形墙垛及高高的烟囱，它们都安然地沉睡在覆满常春藤的城墙所构筑的柔梦之中。此时，整个大学校园是如此的静谧，偶尔只能看到从某位勤勉之人的窗缝中窜出的一两点灯火。能在这样一个可遇见良友、景色优美的地方度过人生，是何等的幸福啊！月光静静铺洒在礼堂那高高凸出壁外的窗子上，而盾形的玻璃仿佛在燃烧着，折射出绚丽的流彩。我在房内来回踱步，沉思、暗喜。所有的一切似乎在刹那进入永恒，如此沉静，如此泰然。但，我们仍旧时刻在打着转，最终滚进一个未知的境域。这颗威力巨大、永不停顿的心，有多么入怀的迷思，其如宇宙之广袤，如时间之绵亘。日出日落，朝暾夕晖，都不过是一缕尘埃。他是如何将我这颗会移动的原子带来这里的，又让我只能困囿于自身的认识，对身外之万物望洋兴叹？他真是我的柔和与耐心的思想，他是以这些思想来塑造脆弱的万物的吗？我对此笃信无疑。抬望眼，繁星如织，一种遥远的乡梦在心中慢慢地升腾：“喔，我知道如何寻觅他，我甚至可以来到他身边！”我像一个疲倦而悲伤的小孩来到他父亲的膝下一般，在全然的信任与爱之中，受到他的爱抚与鼓励，被他的手臂高高举起，然后永驻心间！他会安然地看着我的脸，我会在默然中聆听他的教诲。

在那饱经风霜的塔楼上，古钟仍在缓缓地拨动着，钢线发出嘶嘶声响，柔和的钟声在夜半荡漾着。属于我的一天又过去了，离未知的世界又迈进了一步。我缓缓地转过身，心中并不悲戚，因为我已更接近于上帝了。这种思绪在我心间燃起，让我将心交付予他，一切皆源于他。他会把一切变得澄明，他给予我们所需之物。当我们最后醒来的时候，内心将会充盈着满足。

图书在版编目（CIP）数据

大学之窗：打开身心灵的纯美世界 /（英）本森著；
佘卓桓译；孔谧校. —哈尔滨：黑龙江教育出版社，2013.11
ISBN 978-7-5316-7219-7

Ⅰ. ①大… Ⅱ. ①本… ②佘… ③孔… Ⅲ. ①人生哲学—文集 Ⅳ. ①B821-53
中国版本图书馆CIP数据核字（2013）第274564号

大学之窗：打开身心灵的纯美世界
DAXUE ZHI CHUANG：DAKAI SHENXINLING DE
CHUNMEI SHIJIE

作　　者　〔英〕亚瑟·克里斯托弗·本森　著
译　　者　佘卓桓　译　孔谧　校
选题策划　宋舒白
责任编辑　宋舒白
装帧设计　L ily
责任校对　周维继
出版发行　黑龙江教育出版社（哈尔滨市南岗区花园街158号）
印　　刷　北京彩眸彩色印刷有限公司
开　　本　700 × 1000　1/16
印　　张　17
字　　数　170千
版　　次　2014年1月第1版　2014年1月第1次印刷
书　　号　ISBN　978-7-5316-7219-7
定　　价　39.00 元